35~220kV输变电工程项目前期工作手册

国网安徽省电力有限公司经济技术研究院　编

中国电力出版社
CHINA ELECTRIC POWER PRESS

内 容 提 要

为促进35～220kV输变电工程电网项目的建设和发展，国网安徽省电力有限公司经济技术研究院编写了《35～220kV输变电工程项目前期工作手册》。本书主要包括项目前期工作基本知识、项目前期工作计划及流程、项目前期工作要点、项目前期工作创新实践四章。

本书可供输变电工程项目前期工作的技术人员及管理人员学习使用，也可供输变电工程设计人员参考使用。

图书在版编目（CIP）数据

35～220kV输变电工程项目前期工作手册/国网安徽省电力有限公司经济技术研究院编．—北京：中国电力出版社，2022.2（2024.10重印）
ISBN 978-7-5198-6477-4

Ⅰ．①3… Ⅱ．①国… Ⅲ．①输电－电力工程－工程管理－手册 ②变电所－电力工程－工程管理－手册 Ⅳ．①TM7-62 ②TM63-62

中国版本图书馆CIP数据核字（2022）第018901号

出版发行：中国电力出版社
地 址：北京市东城区北京站西街19号（邮政编码100005）
网 址：http：//www.cepp.sgcc.com.cn
责任编辑：肖 敏（010-63412363）
责任校对：黄 蓓 马 宁
装帧设计：郝晓燕
责任印制：石 雷

印 刷：三河市百盛印装有限公司
版 次：2022年2月第一版
印 次：2024年10月北京第三次印刷
开 本：710毫米×1000毫米 16开本
印 张：7.75
字 数：113千字
印 数：1801—2300册
定 价：38.00元

编委会

前言

近年来，随着我国经济发展和人们生活水平的不断提升，对电力的需求出现爆发式增长，电网建设的压力与日俱增。35～220kV 输变电工程具有项目数量多、涉及范围广等特点，但在规划、交通、水利、环评、水保等诸多环节上还存在着不足，主要是工程用地落实难、工程规划落实难、政策处理难、造价控制难、站址和线路通道选择难、征迁青赔难、施工建设难，目前已经成为影响电网建设和发展的主要因素。

输变电工程项目前期工作是衔接电网规划与电网建设的桥梁，既要满足社会发展对电网建设的需求，又要执行诸多外部条件对输变电工程的建设要求，如城市规划、矿产分布、生态红线等影响因素。如何在保证电网投资效益的前提下顺利完成输变电工程项目前期的各项工作，是所有输变电工程项目前期工作人员面临的共同难题。为了更好地服务于电网项目建设，在国网安徽省电力有限公司的大力支持下，国网安徽省电力有限公司经济技术研究院牵头编制了本手册。

本手册通过系统分析 35～220kV 输变电工程电网建设特点，详细梳理了工程各项前期工作内容，并结合以往输变电工程项目前期工作经验编制而成。本手册分为 4 章，第 1 章为项目前期工作基本知识，第 2 章为项目前期工作计划及流程，第 3 章为项目前期工作要点，第 4 章为项目前期工作创新实践。

本手册可有效指导从事输变电工程项目前期的工作人员顺利开展工作，具有较强的实用性、适用性和针对性。项目前期工作人员应认真学习本手册内容，并以此为基础，解放思想、发散思维，不断探索项目前期工作新思路，寻求项目前期工作新方法，优化工作界面和流程，积极处理好各方面关系，创造良好的外部条件，保证输变电工程顺利实施，促进电网项目建设持续健康发展，为国家经济的快速发展做出贡献。

由于编者水平有限，书中难免存在疏漏和不足之处，敬请各位读者批评指正。

编者

2021 年 9 月

目录

1 项目前期工作基本知识

1.1 项目前期工作的主要内容

本手册中所称的项目前期工作是指根据国家核准制要求，在电网项目核准之前所开展的相关工作（包括取得核准），视国家和地方法律法规要求可能包括但不限于：（预）可行性研究报告的编制及评审，用地预审、选址意见书（表）等专题报告的编制及各项核准支持性文件的落实，核准申请报告的编制及报送等工作。电网项目前期工作的主要内容如图 1–1 所示。

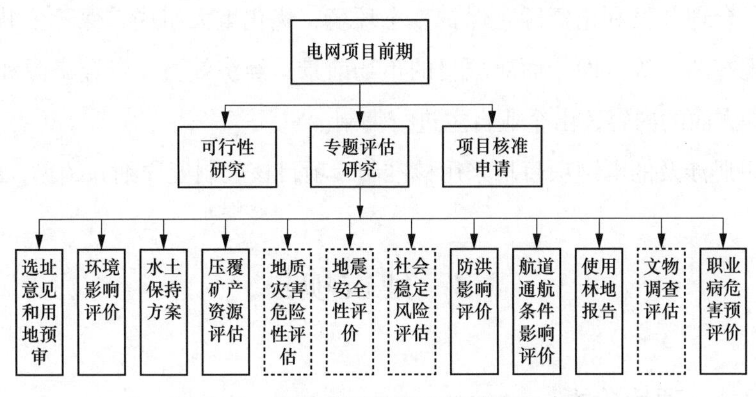

图 1–1　电网项目前期工作的主要内容

1. 可行性研究

可行性研究是由建设单位委托咨询单位按照有关行业标准和设计规范，针对项目建设的必要性、建设时序、系统方案、站址路径、方案比选、经济性评价等内容开展全面、系统的研究工作。可行性研究是项目前期工作中为项目核准提供技术依据的一个重要阶段，也是开展用地预审、环境影响评价（环评）、水土保持（水保）等专题评估的依据。

2. 专题评估研究

专题评估报告是项目前期工作中保障工程推进、服务项目落地所需要的重要支撑性文件。

电网项目前期工作中经常涉及的专题主要有：环境影响评价、水土保持方案、压覆矿产资源评估、地质灾害危险性评估、地震安全性评价、社会稳定风险评估、防洪影响评价、航道通航条件影响评价、使用林地报告、文物调查评估、职业病危害预评价等内容。专题评估相关工作与可行性研究同步开展。

专题评估报告详细介绍见 3.4 节。

3. 项目核准申请

核准项目是指建设单位通过有管辖权的政府投资主管部门按照法定程序核准确定的建设项目。项目核准是开工建设的必要条件，依据为《国务院关于投资体制改革的决定》（国发〔2004〕20 号）和《企业投资项目核准和备案管理办法》（国家发展改革委令 2017 年第 2 号）。项目审核的内容主要是“维护经济安全、合理开发利用资源、保护生态环境、优化重大布局、保障公共利益、防止出现垄断”等方面，而对项目的市场前景、经济效益、资金来源和产品技术方案等方面的内容，由企业自主进行编制。

本手册涉及的电网项目均采用核准制，项目核准制度详细介绍见 3.8 节。

1.2 建设项目

1.2.1 项目分类

按照项目性质，电网项目分为特殊电网项目和常规电网项目。

1. 特殊电网项目

特殊电网项目主要是指由国家电网有限公司（简称国网公司）总部审批管理的重大电网项目，本手册提到的特殊电网项目主要包括 330kV 及以下特殊电网项目和独立二次项目。

（1）330kV 及以下特殊电网项目。根据《国家电网有限公司关于深化“放管服”改革优化电网发展业务管理的意见》（国家电网发展〔2019〕407 号）的规定，330kV 及以下特殊电网项目主要包括：

1）35kV 及以上的地下、半地下变电站；

2）城市综合管廊费用纳入电网投资的项目；

3）单独的电缆专用通道项目（同期不敷设电缆）或变电站土建工程；

4）长度超过 3km 的电缆项目；

5）国网公司重大新技术示范项目；

6）总部统一部署项目。

（2）独立二次项目：是指纳入电网基建程序管理独立于输变电工程一次系统以外的配电自动化、通信、调度自动化新建或整体改造项目，主要包括配电自动化项目、电力通信网项目和调度自动化项目。

2. 常规电网项目

除上述特殊电网项目外，本手册涉及的其他项目均为常规电网项目。

本手册中所指电网项目均为常规电网项目。

1.2.2　项目来源

国网公司电网规划是开展电网项目前期工作的依据，纳入规划的项目，根据规划时序，适时开展前期工作；未纳入国网公司电网规划的项目，应申请纳入规划后，再启动各项前期工作。为保证国网公司电网项目前期工作顺利完成，电网项目前期工作实行计划管理，必须落实电网规划，其中省级电力（有限）公司（简称省公司）负责管理 110～220kV 电网项目前期工作计划，地市级供电公司（简称市公司）负责管理 35kV 电网项目前期工作计划。项目安排以电网规划项目库为依据，按照国网公司审定的国家电网总体规划，省公司负责管理 110～220kV 和独立二次电网规划项目库（具备条件的可将 110kV 下放至市公司），市公司负责管理 35kV 电网规划项目库。未纳入规划项目库的电网项目，根据要求不得纳入电网项目前期工作计划，也不得展开前期工作。

1.2.3 审批制、核准制、备案制

2017 年 3 月 8 日，国家发展改革委第 2 号令公布了《企业投资项目核准和备案管理办法》，规范政府对企业投资项目的核准和备案行为，落实企业投资自主权。下面将简单介绍审批制、核准制、备案制的适用范围与区别。

1. 适用范围

（1）审批制：适用于政府投资项目，全部或部分使用中央预算内资金、国债专项资金、省市区镇级预算内基本建设和更新改造资金投资建设的地方项目（国有企业投资项目使用资金不属于地方财政预算）。

（2）核准制：《政府核准的投资项目目录（2016 年本）》（国发〔2016〕72 号）以内的项目均应当向当地投资主管请求核准。

（3）备案制：《政府核准的投资项目目录（2016 年本）》（国发〔2016〕72 号）以外的企业自筹项目、各类型自筹技改项目均实行备案管理。

2. 区别

根据《企业投资项目核准和备案管理条例》（国务院令 2016 年第 673 号），备案制、核准制与审批制的区别主要体现在以下三个方面。

（1）适用的范围不同。审批制只适用于政府投资项目；核准制则适用于企业不使用政府资金投资建设的重大项目和限制类项目；备案制适用于企业投资的中小项目。

（2）审核的内容不同。过去的审批制是对投资项目的全方位审批，而核准制只是政府从社会和经济公共管理的角度审核，不负责考虑企业投资项目的市场前景、资金来源、经济效益等因素。

（3）程序环节不同。过去的审批制一般要经过项目建议书、可行性研究报告、初步设计等多个环节，而核准制、备案制只有项目申请核准或备案一个环节。

以安徽省为例，依据《安徽省能源局关于做好电网项目分级分类管理工作的通知》（皖能源电力函〔2020〕133 号），目前安徽省输变电工程均采用核准制管理。

1.2.4 项目建设程序

项目建设程序是指建设项目从规划、可行性研究（可研）、设计、施工到竣工验收、投运的整个建设过程，各项工作的开展必须遵循先后有序的原则。电网工程一般要经历以下几个阶段的工作程序。

（1）根据各地市电网规划，结合地区发展需求，获取电网项目来源。

（2）对纳入前期工作计划的项目，完成相关专题评估报告和政府各部门批复文件。

（3）采用技术经济论证方法编制可行性研究报告，并履行可行性研究报告评审、批复程序。若变电站站址初选出现重大问题，启动沟通汇报机制，各相关单位需积极参与。

（4）在取得可行性研究报告评审及核准意见等相关支撑性文件的基础上，编制项目核准报告，并获得项目核准。

（5）根据可行性研究报告批复文件及可行性研究阶段的成果性文件编制初步设计文件。

（6）初步设计批复后，开展物资、非物资（设计、监理等）招标，做好施工前的各项准备工作（办理工程规划许可证、招投标、办理开工手续等）。

（7）组织项目施工，并根据工程进度，做好生产准备。

（8）项目按施工图内容建成并经竣工验收合格后，正式投产，交付生产使用。

（9）投运一段时间后，进行项目后评价。

1.3 项目前期工作的管理要求

项目前期工作的管理要求包括：

（1）项目前期工作应认真贯彻国家土地调控、环境保护、水土保持、资源节约、交通运输等政策，合理避让基本农田、生态保护红线、环境敏感区、保护林地、军事保护设施、水土流失重点预防区与治理区。

（2）全面推行“两型三新”（资源节约型、环境友好型，新技术、新材料、新工艺）和“三通一标”（通用设计、通用设备、通用造价、标准工艺）的电网建设理念，严格控制工程造价，做到经济效益和社会效益协同统一。

（3）确保项目前期各项手续符合相关国家法律法规、行业标准、企业标准及设计规范等。

（4）确保项目前期工作各项手续齐全，协议落实到位，核准支撑性文件办理依法合规。

（5）按期完成电网项目前期计划各项任务，确保工程按照既定时间节点开工建设。

（6）建立重大问题会商机制，加强内部沟通协调。

2 项目前期工作计划及流程

2.1 项目前期工作计划

国网公司发展部负责编制特高压、跨境跨省电网项目前期工作计划，省公司负责编制 330～750kV 省内电网项目前期工作计划，并抄送国网公司发展部、分部备案，省公司管理 110～220kV 电网项目前期工作计划，市公司管理 35kV 及以下电网项目前期工作计划。未纳入规划项目库的电网项目，不得纳入前期工作计划。

为保证国网公司电网项目前期工作顺利完成，根据电网项目前期的工作流程，各市公司根据主网规划情况，每年 10～11 月向省公司发展部报送下一年度前期工作计划，省公司于次年 1 月份下发当年前期工作计划，并在《关于下达当年 110、220kV 输变电工程前期工作计划的通知》中明确相应的要求，具体要求如下。

1. 严格、严格执行节点计划

各市公司要高度重视前期工作，认真落实各项节点计划，为工程依法合规开工建设创造条件。省公司将就前期工作计划执行情况定期进行通报，并在年终纳入业绩考核。其中，前期工作计划中明确的重点项目，严格按照节点时序通报、考核，其他项目进度实行总量进度督查。

2. 加强前期和规划专业衔接

开展前期工作的项目原则上应出自规划项目库。对于未在规划项目库中的应急项目，要同规划专业做好沟通衔接，结合电网规划修编，滚动纳入项目库。可行性研究阶段系统方案同规划方案不一致的，须进行深入论证并取得省公司规划专业的认可。

3. 有序推进可行性研究和设计一体化管理

要贯彻国网公司和省公司管理要求，按照“一个设计单位、一个技术方案、一条工作主线”的原则，高质量推进可行性研究和设计一体化。在可行性研究阶段，建设部门深度参与，全面掌握交叉跨越、林木清理、关键塔基、房屋拆迁等重要敏感点、风险点，提出意见和建议，确保后续不发生颠覆性意见。项目取得可行性研究报告评审意见后，发展部门要有序推进核准、环境影响评价、水土保持等有关行政审批，主动向建设部门进行可行性研究报告交底，尽早启动工程前期工作。

4. 促进可行性研究质量稳步提升

应用国网公司标准化建设成果，执行“三通一标”“两型三新一化”（资源节约型、环境友好型，新技术、新材料、新工艺、工业化）等规定，落实《国家电网有限公司关于印发十八项电网重大反事故措施（修订版）的通知》（国家电网设备〔2018〕979 号）、冰区、风区、舞动区分布图等要求，实现经济效益和社会效益的协调统一。贯彻“花钱问效”工作要求，开展项目效率效益量化评价，可行性研究报告中增加相应章节专项论证。抓好国土、规划等外部协议落实，根据工程实际需要，提前启动相应专题评估工作，并确保与可行性研究同步推进。

5. 推动可行性研究评审高质量开展

市公司发展部应在可行性研究报告送审前组织建设、运行、调度等相关部门开展内审，将会议纪要在正式评审会议召开 3 个工作日前发送给省级经济技术研究院（简称省经研院）。省经研院应按照节点计划，统筹安排可行性研究报告评审，对具备条件的项目开展现场收口，无法现场收口的项目应于评审会后 2 个月内完成收口。市公司要充分发挥主体责任，会同设计单位积极解决遗留问题，加快推进可行性研究收口工作，确保按时取得可行性研究报告评审意见。

6. 做好“网上电网”全面实用化应用

“网上电网”已正式运行，支撑发展业务全链条网上管理、图上作业、线上服务。为全面开展“网上电网”系统应用，市公司线上编制前期工作计划，

及时挂接支持性文件，常态开展35kV电网项目网上评审等工作，提高数据维护质量，相关信息维护情况作为业绩考核重要依据；省经研院常态开展110、220kV电网项目网上评审工作。

根据省公司下达的35～220kV输变电工程的项目前期工作计划，其主要内容包括项目名称、项目地点、电压等级、项目性质（新建输变电工程、改扩建、电铁配套、用户送出工程等）以及项目前期各阶段的时间节点。各相关单位和部门需严格执行省公司制订的项目前期工作计划，以确保各地市、各区域电网建设的稳定有序开展。

2.2　项目前期工作流程

根据国网公司相关文件要求，35～220kV输变电工程项目前期的工作流程如下。

1.220kV电网项目前期工作流程

（1）根据前期工作计划，各市公司发展部会同建设部组织开展项目可行性研究工作，启动项目前期工作。

（2）220kV常规电网项目可行性研究完成后，省经研院组织召开评审会并出具评审意见。对于220kV特殊电网项目，由国网经济技术研究院有限公司（简称国网经研院）组织召开评审会并出具评审意见。

（3）220kV常规电网项目可行性研究报告取得评审意见后，由省公司批复。220kV地下（半地下）变电站、城市综合管廊费用纳入电网投资的项目可行性研究报告取得评审意见后，由国网公司总部批复。

（4）项目取得可行性研究报告评审意见后，进入基建项目储备库。

（5）各市公司发展部组织编制电网项目专题评估报告并落实各项核准支持性文件。

（6）项目可行性研究报告取得批复后，跨区域项目由省公司发展部组织电网项目核准申请报告；不跨区域项目由各市公司发展部组织编制电网项目核准申请报告，报地方政府相关部门。

2.110kV及以下电网项目前期工作流程

（1）根据前期工作计划，110kV电网项目由各市公司发展部会同建设部组织开展可行性研究工作，启动项目前期工作；35kV电网项目由各县级供电公司（简称县公司）发展建设部组织开展可行性研究工作，启动项目前期工作。

（2）110kV常规电网项目可行性研究完成后，省经研院组织召开可行性研究报告评审会并出具评审意见。110kV特殊电网项目由国网经研院组织召开评审会并出具评审意见。

（3）35kV电网项目可行性研究完成后，各市级经济技术研究所（简称市经研所）组织召开可行性研究报告评审会并出具评审意见。35kV特殊电网项目由省经研院组织召开可行性研究报告评审会并出具评审意见。

（4）35 ~ 110kV电网项目取得可行性研究报告评审意见后，进入基建项目储备库。

（5）国网公司总部负责批复110kV地下（半地下）变电站、城市综合管廊费用纳入电网投资的项目可行性研究；省公司负责批复110kV电网项目、35kV特殊电网项目及独立二次项目可行性研究；市公司负责批复35kV常规电网项目可行性研究。

（6）市公司组织编制电网项目专题评估报告并落实各项核准支持性文件。

（7）跨区域项目由省公司发展部组织电网项目核准申请报告；不跨区域项目由各市公司发展部组织编制电网项目核准申请报告，其中110kV电网项目由各市公司组织编制电网项目核准申请报告、35kV电网项目由各县公司组织编制电网项目核准申请报告，报送地方政府相关部门核准。35kV电网项目，应按照地方能源主管部门相关规定，履行必要的规划和项目审批手续，确保纳入输配电成本定价范围。

35 ~ 220kV输变电工程项目前期的工作流程如图2-1所示。

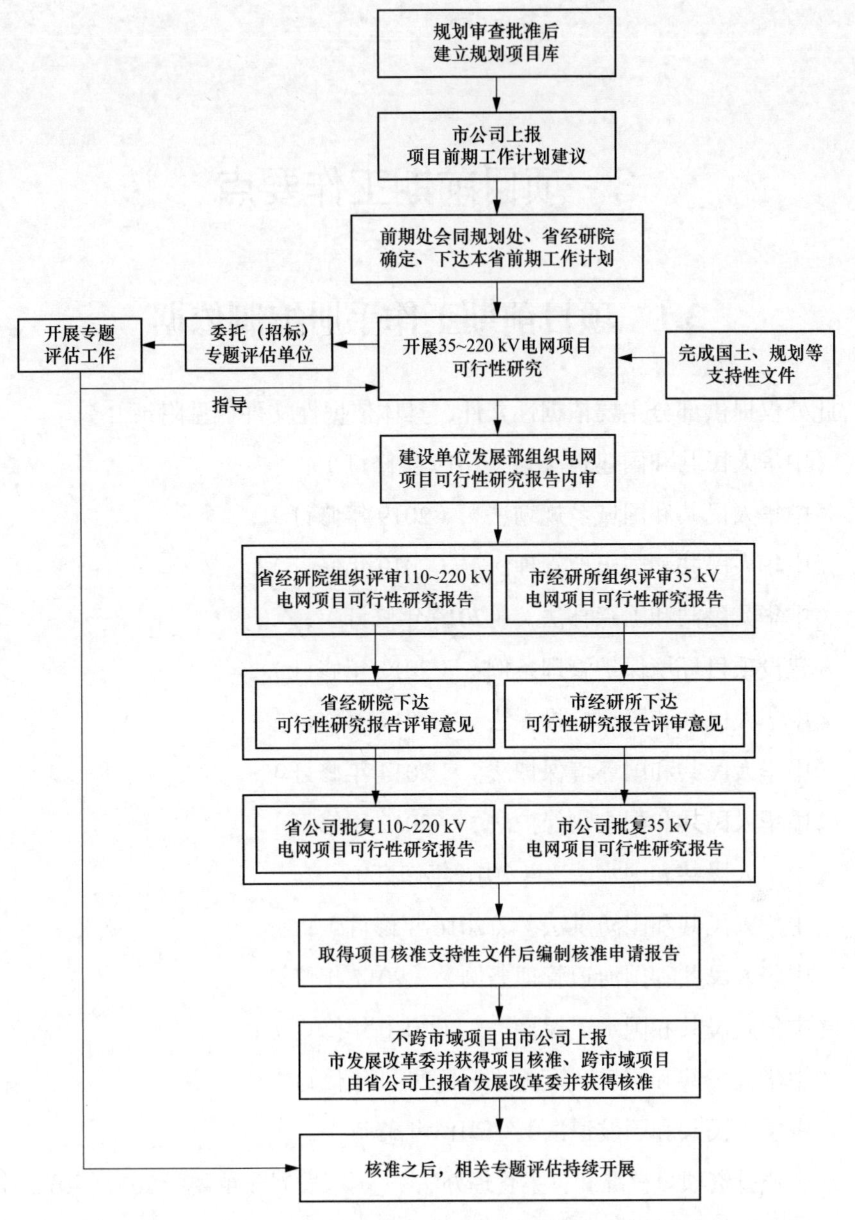

图 2-1　35～220kV 输变电工程项目前期工作流程图

3　项目前期工作要点

3.1　项目前期工作手册编制依据

此处仅提供部分主要依据性文件，具体依据性文件详见附录 B。

《中华人民共和国建筑法》（2019 年修订）；

《中华人民共和国城乡规划法》（2019 年修订）；

《中华人民共和国土地管理法》（2019 年修订）；

《中华人民共和国森林法》（2019 年修订）；

《建设项目环境保护管理条例》（2017 年修订）；

《中华人民共和国招标投标法》（2017 年修订）；

《中华人民共和国环境保护法》（2014 年修订）；

《中华人民共和国文物保护法》（2017 年修订）；

《中华人民共和国水法》（2016 年修订）；

《中华人民共和国防洪法》（2016 年修订）；

《中华人民共和国河道管理条例》（2017 年修订）；

《中华人民共和国水土保持法》（2010 年修订）；

《中华人民共和国矿产资源法》（2009 年修订）；

《中华人民共和国航道法》（2016 年修订）；

《企业投资项目核准和备案管理办法》（国家发展改革委令 2017 年第 2 号）；

《国务院关于发布政府核准的投资项目目录（2016 年本）的通知》（国发〔2016〕72 号）；

《安徽省能源局关于做好电网项目分级分类管理工作的通知》（皖能源电力函〔2020〕133 号）；

《自然资源部关于以“多规合一”为基础推进规划用地“多审合一、多证合一”改革的通知》（自然资规〔2019〕2号）；

《220kV及110（66）kV输变电工程可行性研究内容深度规定》（Q/GDW 10270—2017）；

《国家电网公司关于进一步规范输变电工程前期工作的意见》（国家电网基建〔2018〕64号）；

《国家电网有限公司关于深化“放管服”改革优化电网发展业务管理的意见》（国家电网发展〔2019〕407号）；

《国家电网有限公司电网项目前期工作管理办法》（国家电网企管〔2019〕425号）；

《国家电网有限公司关于配合做好国土空间规划有关工作的通知》（国家电网发展〔2019〕600号）；

《国家电网有限公司电网规划工作管理规定》（国家电网企管〔2019〕951号）；

《国家电网有限公司电网项目可行性研究工作管理办法》（国家电网企管〔2021〕64号）；

《国网安徽省电力有限公司发展部关于印发〈35～220千伏电网基建工程可行性研究报告评审“花钱问效”补充内容深度要求（试行）〉的通知》（电发展工作〔2020〕10号）；

《安徽省生态保护红线》（2018年施行）；

《安徽省环境保护条例》（安徽省人大常委会公告2017年第66号）；

《安徽省水工程管理和保护条例》（2018年修订）；

《安徽省航道管理办法》（安徽省人民政府令2014年第62号）；

《安徽省林地保护管理条例》（安徽省人大常委会公告2004年第33号）；

《安徽省环境保护厅建设项目社会稳定环境风险评估暂行办法》（环法〔2010〕193号）；

《66kV及以下架空电力线路设计规范》（GB 50061—2010）；

《110kV～750kV架空输电线路设计规范》（GB 50545—2010）；

《110kV ~ 750kV 架空输电线路大跨越设计技术规程》（DL/T 5485—2013）；
《35kV ~ 220kV 无人值班变电站设计规程》（DL/T 5103—2012）；
《220kV ~ 750kV 变电站设计技术规程》（DL/T 5218—2012）；
《变电站总布置设计技术规程》（DL/T 5056—2007）。

3.2 项目前期工作职责及分工

根据国网公司项目前期工作相关管理办法的规定和要求，明确了国网公司总部、省公司、市公司、县公司、经研院（所）、可行性研究报告编制单位和可行性研究报告评审单位的工作职责划分，项目前期相关单位的工作职责见表 3–1。

表 3–1　项目前期相关单位工作职责

部门	职责
国网公司总部	（1）对省公司管理的 110 ~ 220kV 特殊电网项目和独立二次项目可行性研究报告批复进行备案。 （2）负责批复限额以上的 110 ~ 220kV（半）地下变电站、限额以上的城市综合管廊费用纳入电网投资的项目可行性研究报告
省公司	（1）组织编制属地内电网项目前期工作计划。 （2）委托市公司开展 220kV 电网项目的系统方案研究及站址、路径方案论证，确定工程规模、重大技术原则和主要技术方案。 （3）批复除国网公司总部批复之外的 110 ~ 220kV 其他电网项目、35kV 特殊电网项目、独立二次项目可行性研究报告。 （4）省公司相关部门配合开展可行性研究工作，参与可行性研究报告论证并提出专业意见。 （5）负责对市公司管理的电网项目可行性研究报告批复进行备案
市公司	（1）受省公司委托开展属地内 220kV 电网项目可行性研究工作，协助可行性研究设计单位办理属地内可行性研究相关协议。 （2）负责开展 110kV 及市区范围内 35kV 电网项目的系统方案研究及站址、路径方案论证，确定工程规模、重大技术原则和主要技术方案。 （3）负责批复 35kV 常规电网项目可行性研究报告，或受省公司委托批复其他电网项目可行性研究报告。 （4）市公司相关部门配合完成可行性研究工作，参与可行性研究报告论证并提出专业意见

续表

<table>
<tr><th colspan="2">部门</th><th>职责</th></tr>
<tr><td colspan="2">县公司</td><td>（1）负责本县域 35kV 电压等级电网项目（不包括 35kV 新能源送出工程）可行性研究工作。
（2）负责落实属地化职责，配合开展可行性研究工作，协助设计单位取得属地范围内项目可行性研究相关协议</td></tr>
<tr><td rowspan="3">经研院（所）</td><td>国网经研院</td><td>负责对 110～220kV 特殊电网项目、独立二次项目可行性研究报告进行评审，并出具评审意见；受国网公司发展部委托开展电网项目其他可行性研究相关工作</td></tr>
<tr><td>省经研院</td><td>负责对省内 110～220kV 常规电网项目和 35kV 特殊电网项目可行性研究报告进行评审，并出具评审意见；受省公司委托开展电网项目其他可行性研究相关工作</td></tr>
<tr><td>市经研所</td><td>负责对本地区 35kV 常规电网项目可行性研究报告进行评审，并出具评审意见；受市公司委托开展电网项目其他可行性研究相关工作</td></tr>
<tr><td colspan="2">可行性研究报告编制单位</td><td>依据有关法律法规、标准、设计规范内容深度要求编制可行性研究报告并落实相关协议，按期完成电网项目可行性研究工作任务：
（1）35～220kV 特殊电网项目，原则上在可行性研究服务招标（或委托）后 7 个月内完成项目可行性研究报告的编制及配合评审工作。
（2）35～220kV 常规电网项目，原则上在可行性研究服务招标（或委托）后 5 个月内完成项目可行性研究报告的编制及配合评审工作</td></tr>
<tr><td colspan="2">可行性研究报告评审单位</td><td>受项目单位委托，开展可行性研究报告评审工作，出具评审意见</td></tr>
</table>

3.3 项目选址及选线工作

选址及选线是输变电工程中确定变电站建设位置及线路路径走向的重要工作，该工作需要反复优化调整。选址、选线工作作为可行性研究报告编制的重要基础，需要多维度考虑站址及线路路径的可行性。

本节明确了选址、选线的基本原则，阐述的选址、选线方法和工作流程可以指导前期工作者熟悉该项工作，提高电网项目前期工作效率及经济性。

3.3.1 变电站选址

变电站选址是在电网规划的网络结构中选择区域位置适宜建设变电站的

地块。

选址主要分为规划选址和工程选址两个阶段：规划选址在系统规划时进行，选址深度仅满足电网规划要求，站址可行性因素不完善；工程选址在可行性研究工作时开展，根据规划选址的站址位置在周边区域内进行比选。

随着社会经济的发展，各地区发展规划的范围越来越大，各种设施逐年增加，制约输变电工程选址因素增多，导致站址选择越发困难。为确保站址选择合理，需综合考虑多方面的影响因素，并取得相关函件和专题报告的支撑，避免出现颠覆性问题。

1.站址选择的基本原则

变电站的选址需结合系统规划，在合理区域内开展工程选址工作。在工作过程中，应充分考虑地方规划、压覆矿产、工程地质及水文地质条件、进出线条件、水源电源、交通运输、土地规划、土地用途等多种因素，重点解决站址可行性问题，应遵循以下原则。

（1）站址选择必须贯彻保护耕地，合理利用土地，尽量不占或少占基本农田的基本国策，因地制宜、合理布置、节约土地，提高土地利用率。

（2）站址选择应根据电力系统规划设计的网络结构、负荷分布、城乡规划、土地利用、出线走廊规划、环境保护和拆迁赔偿等方面的要求，结合站址自然条件按最终规模统筹规划，充分考虑出线要求，本、远期结合。通过技术经济比较和经济效益分析，选择最优方案。

（3）站址应具有适宜的地形和地质条件，应避免滑坡、泥石流、塌陷区和地震断裂带等地质灾害地段；宜避开溶洞、采空区、河塘、岸边冲刷区及易发生滚石等地质灾害地段，避免或减少林木植被破坏，保护自然生态环境。当不能避让时，应做专项评估。

（4）站址选择应避让重点自然保护区和人文遗址，不应压覆矿产及文物资源，否则应征得有关部门书面同意，并做相应的专题评估。

（5）站址应按审定的本地区电力系统发展规划，满足出线条件要求，留出架空和电缆线路的出线走廊，避免或减少架空线路相互交叉跨越。架空线路终端塔的位置宜在站址选择时统一考虑。

（6）站址选择应尽量避开各类有严重污染的污染源；当完全避开污染源有困难时，应使变电站处于污染源主导风向的上风侧，并对污染源的影响进行评估，采取相应措施。

（7）站址距离飞机场、导航台、军事设施、通信设施、石油管线、输气管线、加油站等易燃易爆设施的距离要求应符合现行国家或行业的相关标准或规定。

（8）站址应尽可能选择在已有或规划的铁路、公路、河流等交通线路附近，应有较好的交通运输条件，满足变压器等大型设备的运输要求。

（9）站址附近应有生产和生活用水的可靠水源。当采用地下水时，应进行地下水调查勘探，并提出报告。

（10）站址选择时，宜充分利用就近城镇的生活、文教、卫生、消防、给排水等公共设施。并充分考虑与邻近设施、周围环境的相互影响和协调，并取得相关协议。

2. 站址选择的注意事项

站址选择的重点是解决站址的可行性问题，对所需资料进行收集整理，获取相关文件和函件，保障站址选择的落实。

（1）220kV 及以下变电站（含进站道路等）禁止占用永久基本农田。

（2）变电站站址禁止在自然保护区的核心区和缓冲区选址，应避让自然保护区、风景名胜区、饮用水水源保护区、国家公园、世界文化和自然遗产地、生态保护红线、森林公园、地质公园、湿地公园、水产种质资源保护区等生态敏感区域，以及人文遗址、国家Ⅰ级保护林地等地。

（3）项目选址需符合国土空间规划、生态规划、电网规划、环保规划等政策要求。

（4）站址周边交通需满足施工及设备运输要求，考虑大件运输的可行性。如已有道路无法满足要求，需重新确定新建道路的建设方案，评估其技术合理性及造价经济效益。交通运输条件较好，新建进站道路不超过 100m。改造道路不因大量房屋拆迁、桥梁修筑、长度过长等原因造成造价过高。

（5）变电站选址范围内土石方工程量不宜过大。按水土保持相关规范要求，在选址时应确定是否存在制约性因素，弃土弃渣量、水土流失量、水土流失的危害、施工建设用地都要列入影响范围，并编制水土保持报告书（表）。

（6）站址现场踏勘时，应核实站址范围内需赔偿的房屋、道路、线路等建构筑物的工程量。当赔偿迁改工程量较大时，站址应适当避让。

（7）站址地理位置应符合国土空间规划或乡镇总体规划用地布局，靠近负荷中心，便于进出线，同时交通运输方便。

（8）与周边一般工业、民用建筑物的间距应满足消防要求；与铁路、高速公路、机场、雷达、电台、军事设施、管线、油（气）库、爆破器材生产或储存仓库、采石场、烟花爆竹工厂等各类障碍物之间的安全距离应满足要求或达成相关协议。

（9）变电站内的建（构）筑物与变电站外的民用建（构）筑物及各类厂房、库房、堆场、储罐之间的防火间距应符合《建筑设计防火规范（2018 年版）》（GB 50016—2014）的有关规定。

（10）变电站距烟花爆竹生产、炸药厂房（仓库）等敏感建筑的安全距离应符合《民用爆炸物品工程设计安全标准》（GB 50089—2018）的要求，并在选址过程中向当地应急管理局行文征询意见，确定安全距离。

（11）变电站距地下燃气管道、调压站、储配站净距应符合《城镇燃气设计规范（2020 版）》（GB 50028—2006）的规定。

（12）变电站距汽车加油加气站及站内外各类设备、储罐的安全距离应符合《汽车加油加气站设计与施工规范（2014 年版）》（GB 50156—2012）的规定。

（13）城市变电站退让道路的距离应符合当地规划部门的具体规定，农村地区变电站退让道路的距离应符合当地公路部门的要求。

（14）变电站厂界环境噪声排放限值应满足《工业企业厂界环境噪声排放标准》（GB 12348—2008）的规定。

（15）当变电站站址涉及矿区、林地、地震、地灾危险区域时，需委托评估单位开展专题评估报告编制工作，评估单位一并参与站址选择。

3. 站址选择所需的基本资料

选址需要收集的资料包括以下内容：

（1）收集电力系统规划的结论及本工程建设的必要性资料。

（2）收集站址范围及周边情况的占地情况、房屋建筑、通信线、电力线、地下管线、坟墓、道路、河流、矿产资源分布等资料。

（3）收集对水文气象、卫星照片、站外电源、大件运输通道以及站址附近可利用的市政设施情况。

（4）收集取得各有关单位关于站址位置及周边的规划图纸及文件。

4. 站址选择的方法

站址选择的通常方法是结合地图、规划图、卫星照片选择合适的区域，经现场勘查核实情况后进行站址比选工作。

（1）资料选址：根据国家关于土地、环境保护、水土保持和生态环境政策，结合规划图纸和卫星地图，建设单位初步在规划区域内选择至少两个拟选站址。

（2）现场踏勘：在地图中记录站址位置，建设单位组织开展现场踏勘工作，设计单位参与配合。可邀请地方有关单位协同踏勘，获得初步口头意见。

（3）站址比选：站址应进行全面的技术经济比较，如地理位置、系统条件、出线条件、本期及远期线路长度比较、防洪涝及排水、工程地质、地形地貌、土地分期征用情况、土地规划情况、土石方工程量、工程地质、水源条件、进站道路、大件运输、地基处理、站用电源、拆迁赔偿、施工条件等多项条件。

经过站址比选，推荐站址作为可行性研究方案选定站址。

5. 站址选择的工作流程

根据上述站址选择的基本原则、注意事项、基本资料以及选择方法，电网项目前期站址选择的工作流程如图 3-1 所示。

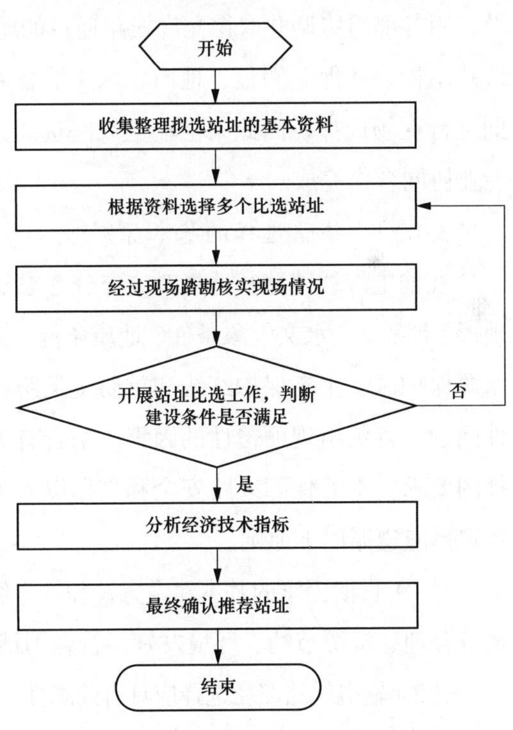

图 3-1　电网项目前期站址选择工作流程图

3.3.2 输电线路选线

输电线路选线就是要在线路起讫点之间，选择一条全面符合国家各项政策法规及相关要求的输电线路路径。

路径方案的选择与输电线路的造价密切相关。输电线路是沿着路径走向配置铁塔、基础及杆塔接地装置并进行导地线架设，其安装设计的情况不仅与沿线地形有关，也与沿线需跨越的地物有关。因此，从本体投资角度上，不仅路径长短对投资有影响，而且沿线地形、地质及地物分布也与投资有极大关系；此外，工程树木砍伐、植被恢复、各类拆迁赔偿等一系列走廊清理费用的高低也与路径方案有关。线路路径方案的选择也直接影响杆塔、基础以及导地线的选型。

当输电线路路径途经多个城市、乡镇、厂矿、机场、军事保护区、各种自然保护区，并与各种管线、铁路、公路交叉，路径方案的落实需要与这些军事及民用各部门协调并取得允许线路通过的函件。线路路径的选择涉及线路电气、线路结构、环保、测量、地质、水文等各专业，也需要由设计与勘测各专业共同进行现场选择，因此架空输电线路选线是一项综合性工作，需要多部门、多专业协同合作完成。

3.3.2.1 线路选择的基本原则

在输电线线路路径选择时应充分考虑地方规划、压覆矿产、自然条件（海拔、地形、地貌）、水文气象条件、地质条件、交通条件、自然保护区、风景名胜区、水源保护区、生态保护红线和重要交叉跨越等因素，重点解决线路路径的可行性问题，避免出现颠覆性的因素。结合有关规范、规程及有关导则中对线路选择的要求，本着保障线路安全和贯彻以人为本、环境友好的精神，输电线路路径选择应遵循以下原则。

（1）贯彻国家的基本建设方针和技术经济政策，做到安全可靠、技术先进、经济合理、资源节约、环境友好、符合国情。

（2）输电线路路径选择应具有前瞻性、科学性、严肃性。结合地方总体规划，统筹规划输电线路走廊，优化输电线路的走向和走廊宽度，提高其整体利用率。

（3）对输电线路的路径方案应进行综合技术经济比较，方便施工。可行性研究原则上应选择两个及以上可行的线路路径，大规模线路宜采用高分辨率卫星影像或航空影像、全数字摄影测量系统等技术辅助路径方案的选择，力求准确提供沿线地形、地貌、地物等基本特征，对线路方案进行精细优化。

（4）路径选择时应充分征求地方政府及有关部门对路径方案的意见和建议，应取得规划、国土、军事、环保、林业等部门对路径方案的批准协议。路径方案应满足与铁路、高速公路、机场、雷达、电台、军事、设施、管线、油（气）库、爆破器材生产或存储仓库、采石场、烟花爆竹工厂等各类障碍物之间的安全距离要求或相关协议要求。

（5）输电线路路径选择需避让军事设施、国家Ⅰ级保护林地、大型工矿企业等重要设施及原始森林、风景名胜区核心景区、饮用水水源保护区一级保护区、自然保护区的核心区和缓冲区及国家公园严格保护区等区域。

（6）输电线路路径选择宜避让自然保护区实验区、风景名胜区一般景区、饮用水水源保护区二级或准保护区，以及国家公园、生态保护红线、森林公园、地质公园、湿地公园、水产种质资源保护区及其他重要生境中限制输变电工程建设的区域。

（7）输电线路路径选择应避让不良地质地带、采动影响区、重冰区、易舞动区、微气象微地形、引航道、铁路编组站区域。

（8）线路路径选择宜避让林木密集覆盖区，对协议允许通过的集中林区，线路应尽量在树木稀疏的地域通过，应避让林区内的母树林及珍贵稀有树种区域。对线路通道内零星保护树木或古树，应尊重当地风俗习惯，因地制宜地采取避让或高跨越等有效措施。

（9）输电线路路径选择应尽可能沿现有国道、省道、县道及乡村公路，改善交通条件，方便施工和运行。

（10）输电线路路径选择应以人为本，尊重当地民俗，尽量少拆迁房屋，选择利用率较低的土地通过。

（11）在有条件的情况下，输电线路路径选择应尽量减少交叉跨越已建输电线路，以降低施工过程中的停电损失，提高安全可靠性。

（12）线路设计过程中，要充分跟踪沿线在建、拟建输电线路、公路、铁路、管线、航道及其他设施的建设进展，避免相互冲突。

（13）涉及大型厂矿拆迁、封闭的区域，需在路径长度、工程投资、拆迁补偿、实施难度等方面进行多方案技术经济比较，确定合理的路径方案。

（14）大跨越段线路的跨越位置应结合陆上线路路径方案，通过综合技术经济比较确定。

（15）在路径方案的选择中，应充分利用“线中有位、以位正线”及“线位结合、以线为主”的原则指导路径方案的比选。

（16）在输电线路自变电站进出时，需考虑远期线路走廊通道的预留。由于城区走廊通道比较紧张，可采用多回路走线或与老线路合并走线的方式，提高线路走廊通道的利用率，但同一变电站两路电源进线需慎重同塔建设。

（17）在选择同走廊架设的多回线路路径时，应充分考虑电磁环境、电气距离、横担长度、塔位布置等影响线路走廊宽度的因素，确保在安全可靠的前提下，减少走廊宽度与拆迁，降低工程投资。

（18）已运行线路开断接入变电站工程在选择路径方案时，要充分考虑永临结合，并结合建设时序，对提前预留、一次建成、站口搭接等方案进行比较，确保线路间相互影响最小。

3.3.2.2 线路选择的注意事项

输电线路路径可能途经矿区、林木、航道和河流等位置，这些敏感位置会直接影响到线路路径的走向。故应当针对不同的敏感因素制订相应的解决方案，必要时还需进行相应的专题研究给予支撑。

1. 涉及矿区、采石场

（1）应收集线路沿线矿藏种类、矿权类型（预查区、普查区、详查区、探矿权区、开采区等），明确矿区范围。在选择穿越或避让矿产区域的路径方案时，应进行充分的技术经济比较，满足安全性、经济性和技术合理性的要求。

（2）对于需穿越的矿产区域，应充分了解矿区范围、矿权人信息、开采方式、开采深度、开采厚度等信息，必要时进行安全、经济性评估，为设计方案的确定提供参考依据。

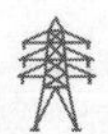

（3）线路穿越矿产区域，当矿产的开采不影响线路的安全可靠运行时，宜协商签订免责免赔协议；当矿产的开采影响线路的安全可靠运行时，可通过第三方开展压矿评估工作，根据评估结果协商签订相关协议。

当线路路径无法避让矿产，需要压覆重要矿产资源时，在建设项目可行性研究阶段，建设单位应提出是否压覆重要矿产资源查询申请，由省级国土资源主管部门审查，出具是否压覆重要矿床证明材料或压覆重要矿床的评估报告，报自然资源部批准。

第三方压矿评估的主要内容是：

1）对线路工程沿线矿产资源分布及压覆矿产资源储量进行调查，估算压覆的矿产资源储量；

2）概略估算压覆的矿产资源储量潜在经济价值和开发利用价值以及压覆的重要探矿权范围内的勘查投入；

3）按照《中华人民共和国矿产资源法》和《中华人民共和国矿产资源法实施细则》，参照《建筑物、水体、铁路及主要井巷煤柱留设与压煤开采规范》（2017年施行）及有关规定、规范，编制线路工程沿线压覆矿产资源储量调查评估报告和相应附图。

压覆矿产资源评估的具体办事流程详见3.4.3条。

2. 涉及炸药库、烟花爆竹厂

（1）线路应尽量远离有爆破作业的采石场，原则上应按照采石场开采面距线路500m以上进行选择；若无法避免，采石场开采面距离线路的最小距离不应小于300m，并需向有关部门办理相应的证明手续，取得线路通过许可。

（2）在有条件的情况下，线路应尽量远离炸药库、烟花爆竹厂；若因线路走廊限制，不能对其避让时，线路对炸药库的最小距离应满足《民用爆炸物品工程设计安全标准》（GB 50089—2018）的相关规定，线路对烟花爆竹厂最小距离应满足《烟花爆竹工程设计安全规范》（GB 50161—2009）的相关规定。对于地面爆破器材库，应满足《〈爆破安全规程〉国家标准第1号修改单》（GB 6722—2014/XG 1—2016）的相关规定。

（3）在路径受限制地区，对于炸药库、采石场等设施的拆迁或封闭，应进行综合经济技术比较并考虑社会因素的影响，同时应做好避让方案备用；炸药库、采石场等设施的拆迁、封闭处理工作应按照不同区域的实际情况开展。

3. 涉及林木

根据 2020 年 7 月 1 日新修订实施的《中华人民共和国森林法》规定，林地是指县级以上人民政府规划确定的用于发展林业的土地，包括郁闭度 0.2 以上的乔木林地以及竹林地、灌木林地、疏林地、采伐迹地、火烧迹地、未成林造林地、苗圃地等。森林分为公益林和商品林：公益林包括防护林和特种用途林；商品林包括用材林、经济林和薪炭林，由经营者依法自主经营。

在选择输电线路路径时，禁止使用一级保护林地、一级国家公益林等重要林地，同时应尽量减少使用林地。对占用林地的输电线路工程，应向相关林业主管部门办理使用林地手续，并委托（招标）具有相应资质的评估机构进行使用林地的评估工作。

使用林地的具体办事流程详见 3.4.6 条。

4. 涉及河流

（1）线路工程跨越主要河流、河道等（包括河滩地、湖泊、水库、人工水道、行洪区、蓄洪区、滞洪区）管理范围内进行工程建设时，应根据实际情况明确是否需要开展沿线跨越河流的防洪影响评估工作，建设单位据此委托（招标）有资质的单位进行防洪影响评价。

（2）根据防洪影响评价报告、水文专业的意见以及所跨越主要河流、河道（包括河滩地、湖泊、水库、人工水道、行洪区、蓄洪区、滞洪区）管理范围内对线路路径及塔位设置的要求，开展路径优化工作。

第三方防洪影响评价的主要目的是结合输电线路跨越情况，分析工程建设对防洪各方面的影响，评价其影响程度，提出减免或消除其不利影响的措施，以促进工程建设的顺利展开。防洪影响评价报告应在建设项目建议书或预可行性研究报告审查批准后、可行性研究报告审查批准前由建设单位委托（招标）具有相应资质的编制单位进行编制。防洪影响评价报告的内容应能满足《河道管理范围内建设项目管理的有关规定》审查内容的要求，包括以下主要内容：概述；基本情况；河道演变；防洪影响评价计算；防洪综合评价；防治与补救

措施。其中，防洪影响评价报告中的各项基础资料应使用最新数据，并具有可靠性、合理性和一致性，水文资料要经相关水文部门认可。

防洪影响评价的具体办事流程详见 3.4.5 条。

5. 涉及航道

输电线路工程跨越航道时，应明确线路设计现状及规划航道的范围，并根据航道主管部门的意见，调整线路路径方案以避免跨越已建或规划的船闸、引航道、码头等航道建筑物，并尽量减少跨越航道。若无法避免，在可行性研究阶段，建设单位需进行航道通航条件影响评价，并报送相关交通运输主管部门或者航道管理机构进行审核。

航道通航条件影响评价报告主要包括八个方面：建设项目概况；所在河段、湖区的通航环境；选址评价；与通航有关的技术参数和技术要求的分析论证；对航道条件、通航安全、港口及航运发展的影响分析；减小或者消除对航道通航条件影响的措施；航道条件与通航安全的保障措施；征求各有关方面意见的情况及处理情况。

航道通航条件影响评价的具体办事流程详见 3.4.4 条。

6. 涉及环境敏感点

（1）线路路径选择时，应尽量避让自然保护区、风景名胜区、世界文化和自然遗产地、饮用水水源保护区、文物保护单位等敏感点，原则上不穿（跨）越国家级风景名胜区、自然保护区或等同级别设置的敏感区域；对于路径受限制确定无法避让的区段，应及时开展相关评估工作（具体流程详见 3.4 节），并取得具有相应审批权限的行政主管部门同意穿（跨）越的协议文件。

（2）对于国家级保护区（包括自然保护区、地质公园、文物保护区等），一般应取得国家级行政主管部门同意穿（跨）越的协议文件；对于省级、市级和县级保护区，应取得相应省（市、县）行政主管部门同意穿（跨）越的协议文件。

（3）对于法律规定不得穿（跨）越的自然保护区的核心区和缓冲区（或等同区域），若无法避让，应依法完成对保护区域（或等同区域）的调整工作；穿越实验区应取得相应行政主管部门同意穿越的协议文件。如设置有外围保护地带时，可咨询相关行政主管部门后办理相关手续。

（4）饮用水水源保护区由各地水行政部门和环保部门管理，对于一级水源保护地，原则上不准建设与水源地无关的工程建设项目；对于其他级别的水源保护地，应取得相关行政主管部门同意的协议文件。

（5）应根据环境敏感点的专题评估意见、协议文件和审批要求确定设计方案。

7. 涉及加油、加气站、油气井

（1）线路与甲类火灾危险性的生产厂房、甲类物品库房、易燃易爆材料堆场以及可燃或易燃易爆液（气）体储罐的防火间距，不应小于杆塔全高加3m，还应符合其他相关要求。

（2）加油站、加油加气合建站的油罐、加油机和通气管口与架空电力线路的防火距离不应小于6.5m，且应满足《架空输电线路通道清理技术规定》（Q/GDW 11405—2015）的相关要求。

（3）线路与加油、加气站内储油罐间的距离应不小于杆塔全高加3m，或通过协商确定。

（4）加油站需拆迁时，应根据加油站的等级、所处位置等情况制定赔偿标准。

（5）对于大型或拆迁难度较大的加油站，应进行综合经济技术比较，并考虑社会因素的影响，确定避让方案。

（6）线路与油气井的距离宜按以下原则考虑：

1）对于油气井和煤层气井，不应小于1.5倍杆塔全高。

2）对于无自喷能力且井场没有储罐和工艺容器的油井，当上述避让距离执行有困难时，避让距离可适当缩小，但应满足修井作业要求，同时取得协议并取得运维单位同意。

3）线路与油气井距离除需满足上述要求外，还应满足相关单位协议要求，同时注意与储油气设施、管道等附属设施的距离要求。

8. 涉及石油、天然气管道

线路与石油、天然气管道的水平距离应满足《埋地钢质管道交流干扰防护技术标准》（GB/T 50698—2011）、《城镇燃气设计规范（2020 版）》（GB 50028—2006）、《单点系泊装置建造与入级规范》（SY/T 10032—2000）和《钢质管道外腐蚀控制规范》（GB/T 21447—2018）的相关规定。

9. 其他规定

（1）输电线路路径选择应减少与重要的输电线路交叉。

（2）新建变电站送出工程应考虑各电压等级远景出线规划，城市开发区做好出线 2km 范围路径规划，并取得政府书面协议。

（3）输电线路路径选择涉及走廊清理量不宜过大，造价控制在合理水平。

（4）输电线路的线路曲折系数城区不高于 1.5、非城区不高于 1.3。其中，钢管杆仅限用于沿已建城市道路。

3.3.2.3　线路选择的基本资料

项目前期工作中，选线需要收集的资料包括以下内容：

（1）收集电力系统规划的结论及本工程建设的必要性资料；

（2）收集线路起讫点及中间落点位置、输送容量、电压等级、回路数、导线截面积及分裂根数；

（3）收集变电站的进出线位置和方向、与已建和拟建线路的相互关系，以及是否需要预留其他线路通道资料；

（4）收集新建变电站的出线走廊规划情况及近远期过渡方案；

（5）收集地形图或卫星照片，一般规模的线路采用 1∶50000 或 1∶100000 的地形图或卫星照片进行路径选择，对较大规模的线路工程视情况还需要收集 1∶250000、1∶500000 或 1∶1000000 的地形图来呈现路径的全貌。

3.3.2.4　线路路径选择的方法

输电线路的路径方案选择通常有两种方法：一种是传统的人工在地形图上选择线路走向的方法，即传统方法；另一种是借助卫星照片、航空照片、全数字摄影测量系统和红外测量等新技术在计算机上进行选择的方法，也可称为数字化方法。

1. 传统方法

输电线路路径选择的传统方法是以传统的地形图为基础，在拼接好的带状图上选择路径，其流程如下：

（1）在收集的地形图上确定线路的起讫点坐标，即线路两端出线间隔坐标；

（2）根据拼接的地形图，确定线路起讫点间的航线；

（3）在地形图上尽量靠近航线两侧规划出两个及以上的路径方案；

（4）根据规划的路径方案及收资协议内容进行收资与签订协议；

（5）根据各相关单位对路径方案的建议和要求，进行现场踏勘与路径方案调整；

（6）按照新的路径方案重新进行收资协议和现场踏勘，直至路径完全获得相关方同意的书面意见；

（7）给出两个及以上完整可执行的较短路径方案；

（8）通过综合分析，给出推荐路径方案。

2. 数字化方法

采用数字化的方法充分利用了现代科技手段，能更方便准确地避开已有的障碍设施。卫星照片或航空照片能获知现场近期的障碍设施，使线路路径的选择更优化，也能更准确地统计线路走廊的清理量，使工程设计更加经济合理。数字化方法的具体流程如下：

（1）与传统方法一样，也要在地形图或卫星照片上确定两条及以上的线路路径方案；

（2）在初步确定路径方案的基础上，利用全数字摄影测量系统进行路径选择；

（3）在地质条件复杂区，可采用地质遥感技术进行勘测，获得准确的地质情况；

（4）按传统方法（5）~（7）的过程选择推荐的路径。

3.3.2.5　线路路径选择的工作流程

根据上述线路路径选择的基本原则、注意事项、基本资料、选择方法以及涉及敏感点的处理方法，电网项目前期线路选择的工作流程如图 3-2 所示。

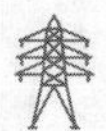

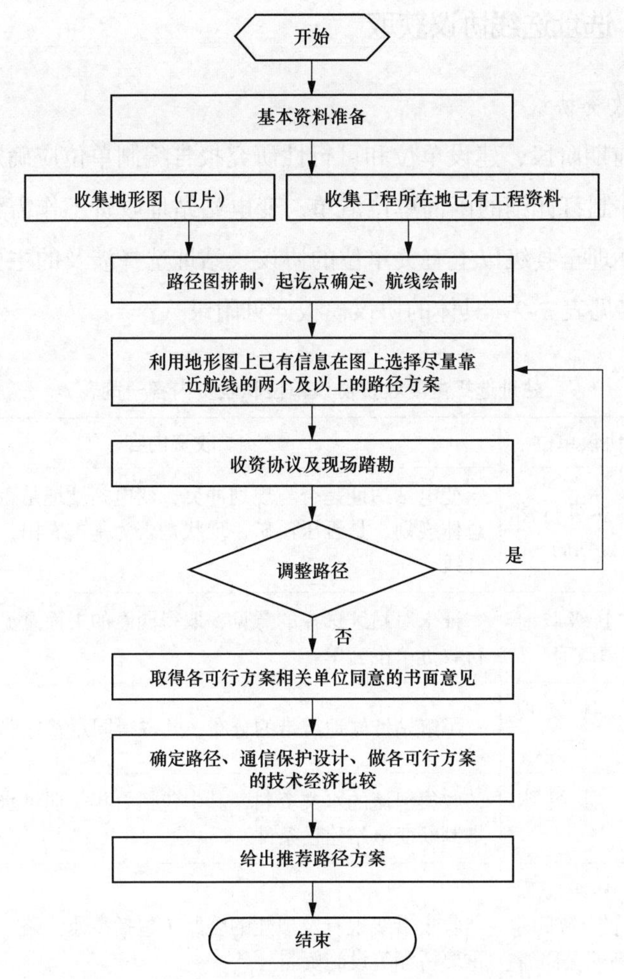

图 3-2　电网项目前期线路选择工作流程图

首先提前准备好线路选择的基本资料；接着根据线路路径资料确定线路的起讫点位置，并尽量选择两个及以上的路径方案以便比选；然后进行收资协议以及现场踏勘；之后根据收资情况和现场勘查结果，确定线路路径是否涉及敏感区域，是否需要调整，若是，则需根据线路资料重新选择路径方案并现场踏勘，直至路径方案符合要求，反之，需取得相关单位同意线路路径方案的书面意见；最后对比各可行线路路径方案的技术经济指标，给出优选的路径方案。

3.3.3 选址选线协议获取

1. 站址收资协议

在项目前期阶段，建设单位和可行性研究报告编制单位应确定需函询的部门和单位，并制订详细的函询单位清单，变电站站址收资工作需根据函询单位清单的要求办理至县级以上有关单位的协议。站址选择涉及的主要收资协议单位和收资内容见表 3-2，具体的协议模板详见附录 A。

表 3-2 站址选择主要收资协议单位和收资内容一览表

序号	收资协议单位	收资内容
1	市、县级自然资源与规划局	变电站站址是否与规划冲突，变电站站址是否符合土地利用总体规划、是否压覆矿，现状是否为基本农田、是否占用生态红线
2	市、县级政府及各乡镇政府	征求对站址选择的意见，取得同意的书面意见，并征得需进行收资单位名单
3	市、县级地震局	了解站址处地震带的分布，并取得同意站址选择的正式意见
4	市、县级水务局	收集河流的水文资料，其中包括百年一遇洪水位等资料，用来判断变电站建设条件
5	市、县级交通（或公路）部门（包括高速公路管理部门）	收集沿线现有及拟建的公路（包括高速公路）走向、等级及重要桥涵等设施资料
6	市、县级地方林业和园林局等相关部门	收集沿线各类自然保护区、林木资源的分布情况，变电站站址尽量避让林地范围
7	市、县级旅游部门	收集沿线旅游资源情况，并取得同意变电站建设的书面意见
8	市县级应急管理部门	了解沿线有无危险物品存放及加工处所（如民用爆炸物品加工及存放、炸药存放等处所）
9	市、县级人民武装部	了解拟建变电站与有关的军事设施的位置、影响范围及有关规定，取得同意站址选择的书面意见

续表

序号	收资协议单位	收资内容
10	市、县级文物管理部门	了解线路沿线有无文物古迹等资源，并取得对变电站建设的书面意见，亦可提出需要进行压覆文物评估的建议
11	铁路主管部门	收集沿线现有及拟建的铁道、通信信号等设施资料以及变电站退让距离要求
12	各级通信公司	收集关于变电站选址位置的意见，该站址对通信设施没有影响
13	矿务部门	收集拟选站址处矿藏分布、开采情况、采空区范围、深度及沉陷情况，取得同意站址选择的书面意见
14	石油、化工管理部门、油田、炼油厂	收集现有地上、地下管线、设备等建设位置，并取得同意站址选择的书面意见
15	园区、开发区、经开区等管委会	收集规划图、土地性质图，并取得同意站址选择的书面意见

2. 输电线路路径收资协议

在项目前期阶段，建设单位和可行性研究报告编制单位应确定需函询的部门和单位，并制订详细的函询单位清单，输电线路路径收资工作需根据函询单位清单的要求办理至县级以上有关单位的协议。输电线路路径选择涉及的主要收资协议单位和收资内容见表 3-3，具体的协议模板详见附录 A。

表 3-3　　输电线路路径选择主要收资协议单位和收资内容一览表

序号	收资协议单位	收资内容
1	市、县级自然资源与规划局	征询线路是否涉及生态红线，取得与线路有关的城、镇现有和规划的平面图及同意线路走向的文件，并请提供有关协议单位名单；收集沿线土地资源的有关情况，取得同意线路路径通过的正式书面意见（需对线路路径图纸加盖公章），亦可提出需进行压覆矿产及地质灾害危险性评估的意见
2	市、县级政府及各乡镇政府	征得对线路路径方案的同意，并取得书面意见，同时需对线路路径图纸加盖公章
3	市、县级地震局	了解沿线各类地震台（站）的分布，并取得同意线路路径的正式意见

续表

序号	收资协议单位	收资内容
4	市、县级水务局、港航局、引江济淮公司	收集江河上现有及规划的水库、河道、电站、排灌系统等水利设施的位置、淹没范围；收集河流的水文资料。通航河流应收集航运及五年一遇时的最高水位、船舶种类、桅杆高度、航道位置。若在水库下方通过时，还应收集水坝建设标准、溢洪道位置和排流方向以及水坝的可靠性等资料。征求对线路跨越水库的意见。取得同意线路路径的正式意见
5	市、县级交通（或公路）部门（包括高速公路管理部门）	收集沿线现有及拟建的公路（包括高速公路）走向、等级及重要桥涵等设施资料，并取得同意线路路径方案的书面意见
6	市、县级地方区乡林业和园林局等相关部门	收集沿线各类自然保护区、林木资源的分布情况，包括林区范围、林区性质（如天然林、人工林等）、树木种类、密度、平均树径及自然生长（或采伐）高度等，并取得对线路通过的书面意见和要求
7	市县级应急管理部门	了解沿线有无危险物品存放及加工处所
8	市、县级人民武装部	了解现有及拟建的与各路径方案有关的军事设施的位置、影响范围及有关规定，取得对线路通过的要求或同意的书面意见
9	市、县级文物管理部门	了解线路沿线有无文物古迹等资源，并取得同意线路通过的书面意见，亦可提出需要进行压覆文物评估的建议
10	市、县级旅游部门	收集沿线旅游资源情况，并取得同意线路通过的书面意见
11	上海铁路局、轨道公司	收集沿线现有及拟建的铁道、通信信号等设施资料及对保护措施的意见，并收集线路运行中的风、冰等灾害资料。取得允许线路通过的协议
12	各级通信公司、线务局	收集沿线现有及拟建的地上及地下通信设施、国防光缆等资料及线路运行中的风、冰等灾害资料，征求对通信保护方面的意见
13	民航部门	收集现有及拟建机场的位置、等级、起降方向以及导航台的位置、气象资料等，了解影响线路通过的有关规定，取得同意线路通过的书面意见
14	园区、开发区、经开区等管委会	收集园区、开发区、经开区的规划图，征询输电线路穿越要求，并取得同意线路通过的书面意见

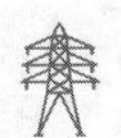

续表

序号	收资协议单位	收资内容
15	燃气公司	收集已建及拟建的地上、地下燃气管道、设备等的建设位置，以及线路穿过燃气时对线路的要求，并取得同意线路通过的书面意见
16	石油、化工管理部门、油田、炼油厂	收集现有及开发的油田范围、地上、地下管线、设备等的建设位置，以及线路穿过油田时对线路的要求。收集化工厂或炼油厂排出物（气、水、灰等）扩散范围以及对线路的影响等资料，并取得同意线路通过的书面意见
17	火药库、油（气）库、采石场、砂石管理所、沿线工、矿企业	收集建筑设施的位置以及正常及事故时对线路的影响范围。了解采石场已开采年限、产值、规模及营业情况（包括有否经政府批准的文件）并取得同意线路通过的书面意见

3.4 专题评估报告

专题评估报告是确保电网项目前期工作顺利开展的重要文件，35 ~ 220kV输变电工程需根据项目的实际情况适时开展相应的专题评估。由于我国南北方差异较大，导致各省的专题评估工作的开展存在一定的时序差异；因此，各省、各区域、各地市应结合自身的特点，遵循当地政府各项政策，合理地开展相应专题的评估工作。本节将以安徽省为例，详细介绍各项专题评估工作的开展节点、适用范围以及办事流程等内容，此内容仅供其他省市参考。

3.4.1 环境影响评价

根据《中华人民共和国环境影响评价法》规定，环境影响评价是指对规划和建设项目实施后可能造成的环境影响进行分析、预测和评估，提出预防或者减轻不良环境影响的对策和措施，进行跟踪监测的方法与制度。根据建设项目特征和所在区域的环境敏感程度，综合考虑建设项目可能对环境产生的影响，建设单位应参照《建设项目环境影响评价分类管理名录》（2021 年版）的规定，进行建设项目环境影响评价报告书、环境影响评价报告表的编制或环境影响评价登记表的填报。其中，环境影响评价报告书、环境影响评价报告表应当就建设项目对环境敏感区的影响做重点分析。

参照《建设项目环境影响评价分类管理名录》（2021 年版）规定，35 ~ 220kV 输变电工程项目环境影响评价分类及工作开展节点见表 3-4。

表 3-4　　环境影响评价分类及工作开展节点

环境影响评价分类	报告书	报告表
输变电工程	500kV 及以上	其他（100kV 以下除外）
评价范围	本期规模	
工作开展节点	（1）环境影响评价工作与可行性研究同步开展，报告编制单位配合项目选址、选线； （2）在项目可行性研究报告正式评审前，报告编制单位应完成环境影响评价报告表初稿； （3）在项目初步设计评审后，报告编制单位根据初步设计评审情况进一步修改完善环境影响评价报告表； （4）在项目开工前，项目建设管理单位须取得生态环境主管部门正式环境影响评价批复文件	

根据表 3-3 要求，目前 110、220kV 输变电工程项目均只需编制环境影响评价报告表，并按报告表审批程序进行审批。对于 35kV 的输变电工程项目不再进行环境影响评价报告编制及审批工作。

本章节所称环境敏感区是指依法设立的各级各类保护区域和对建设项目产生的环境影响特别敏感的区域，主要包括下列区域：

（1）国家公园、自然保护区、风景名胜区、世界文化和自然遗产地、海洋特别保护区、饮用水水源保护区；

（2）以居住、医疗卫生、文化教育、科研、行政办公等为主要功能的区域，以及文物保护单位。

3.4.1.1　依据性文件

（1）《中华人民共和国环境保护法》（2014 年修订）；

（2）《中华人民共和国环境噪声污染防治法》（2018 年修订）；

（3）《中华人民共和国固体废物污染环境防治法》（2020 年修订）；

（4）《中华人民共和国环境影响评价法》（2018 年修订）；

（5）《中华人民共和国大气污染防治法》（2018 年修订）；

（6）《中华人民共和国水污染防治法》（2017 年修订）；

（7）《国务院关于修改〈建设项目环境保护管理条例〉的决定》（2017 年施行）；

（8）《关于进一步加强输变电类建设项目环境保护监管工作的通知》（环办〔2012〕131 号）；

（9）《关于进一步加强环境影响评价管理防范环境风险的通知》（环发〔2012〕77 号）；

（10）《关于切实加强风险防范严格环境影响评价管理的通知》（环发〔2012〕98 号）；

（11）《建设项目环境影响评价分类管理名录》（2021 年版）；

（12）《安徽省建筑工程施工扬尘污染防治规定》（2014 年施行）；

（13）《安徽省大气污染防治条例》（2015 年施行）；

（14）《安徽省生态保护红线》（2018 年施行）。

3.4.1.2 工作流程

环境影响评价报告表编制工作流程主要为项目委托（招标）、资料收集、现状调查、报告编制、报告送审、信息公开及批复取得。如在环境影响评价工作开展过程中发现问题，建设单位、评价单位、设计单位之间应相互协调、互相配合，确保工作顺利开展。

1. 项目委托（招标）

安徽省内需开展环境影响评价工作的输变电工程项目，建设单位委托（招标）具有相应资质的评估机构开展工作，环境影响评价工作与可行性研究同步开展进行，环境影响评价报告编制单位应配合可行性研究报告编制单位完成选址、选线工作。

2. 资料收集

需要收集的资料应包括：

（1）工程的可行性研究报告；

（2）相关的站址、路径协议；

（3）项目建设地区相关的规划；

（4）对于扩建工程，还需要有前期的环境影响评价及验收批复；

（5）如工程涉及环境敏感区域（如自然保护区、饮用水源保护区等），还需收集与保护区相关的基础资料，如设立保护区的批复文件、保护区范围的规划，以及相关的科学考察报告等。

3. 现状调查

现场调查由环境影响评价单位进行。环境影响评价单位现状调查依据是可行性研究阶段的路径图，由于可行性研究阶段线路未建，对于与敏感目标的距离通常由环境影响评价单位根据经验或者相对的参照物、设计上的距离等进行预估。环境影响评价单位会将所有的环境保护目标记录点位，并拍摄所有保护目标的影像资料，便于项目环境影响评价审查。在竣工验收调查阶段，调查单位还要对照环境保护目标的变化情况进行审查，故建设单位必须做好资料记录与保存。

在现状调查过程中，环境影响评价报告编制单位若发现输变电工程涉及生态红线、自然保护区的核心区缓冲区、水源保护区一级保护区等时，需及时与建设单位、设计单位联系，进行三方交流与沟通，提出可行方案。

4. 报告编制

环境影响评价报告编制单位在收集项目的可行性研究报告、开展完成现场调查后，即可编制项目的环境影响评价报告表。

5. 报告送审

报告编制完成后，首先由建设单位内审。内审关注的重点主要为工程涉及的环境敏感区域、报告结论有无与法律法规及管理规定有明显相违背的地方以及报告提出的措施是否有效可行等内容。

内审通过后，按照环保部门的要求，将报告交相关审批部门进行审批。对于不跨市一级行政区域的项目，按照《安徽省建设项目环境影响评价文件审批权限的规定》，由各地市生态环境局负责审批（地市生态环境局委托下一级生态环境保护行政主管部门审批的情况除外）。跨市一级行政区域的项目，由安徽省生态环境厅负责审批。

6. 信息公开及批复取得

根据《建设项目环境影响评价政府信息公开指南》，建设项目环境影响评价文件审批信息的公开分为三个阶段。

（1）受理信息公开。建设单位在向环境保护主管部门提交建设项目环境影响评价报告表前，应先依法主动公开建设项目环境影响评价报告表全本信息。公示时间不得小于5个工作日。

（2）报批阶段信息公开。各级环境保护主管部门在对建设项目做出审批意见前，向社会公开拟做出的批准和不予批准环境影响评价报告表的意见，并告知申请人、利害关系人听证权利。公示时间不小于5个工作日。

（3）做出审批决定公开。各级环境保护主管部门在对建设项目做出批准或不予批准环境影响评价报告表的审批决定后向社会公开审批情况，告知申请人、利害关系人行政复议与行政诉讼权利。环境影响评价报告审批通过后，各级环境保护主管部门将环境影响评价报告的批复发函至建设单位。

输变电工程项目环境影响评价工作的主要流程如图3-3所示。

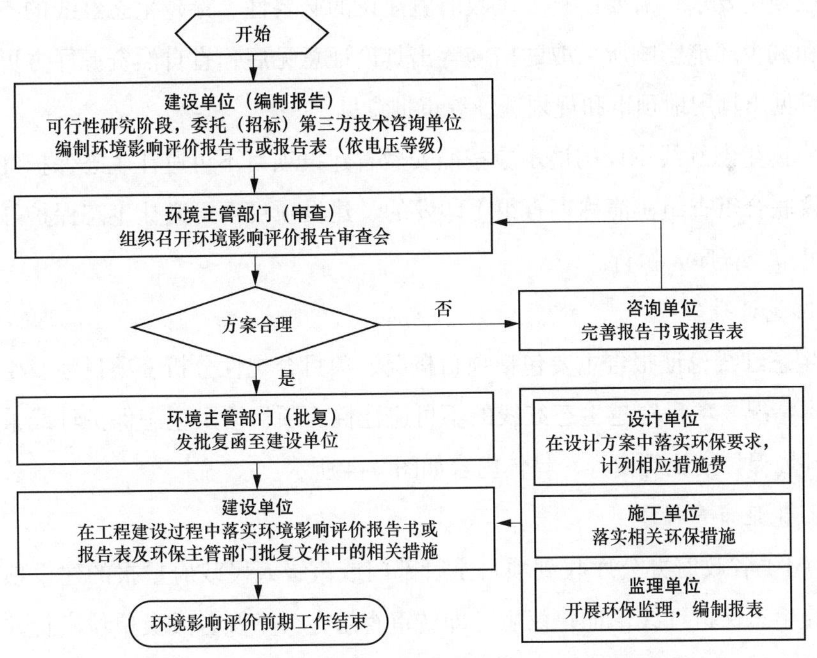

图3-3 输变电工程项目环境影响评价工作流程图

3.4.1.3　主要工作成果

（1）输变电工程项目环境影响评价报告表。

（2）输变电工程项目环境影响评价专家评审意见。

（3）输变电工程项目环境影响评价批复。

3.4.1.4　生态红线论证

安徽省人民政府于 2018 年 6 月 29 日发布实施《安徽省生态保护红线》，并于 2020 年 7 月 10 日发布《安徽省人民政府关于加快实施“三线一单”生态环境分区管控的通知》（皖政秘〔2020〕124 号），同时根据《安徽省划定并严守生态保护红线实施方案》（2017 年施行），对生态保护红线实行严格管控。全省生态保护红线原则上按禁止开发区域要求进行管理，严禁不符合主体功能定位的各类开发活动，严禁任意改变用途。对于省重点工程确需穿越生态保护红线的，需按照《建设项目不可避让生态保护红线论证意见审查程序》，编制报告并经审查后，再报各级生态环境保护审批部门审批。

如果项目涉及穿越生态红线且不可避让，根据自然资源部生态保护红线临时管控规则要求，需要由省人民政府就建设的必要性、穿越生态红线的不可避让性和减少环境影响所采取的措施等出具论证意见后，省自然资源厅方可根据论证意见出具用地预审和规划选址等审批意见。

省内生态红线论证的请示应按照安徽省建设项目不可避让生态保护红线论证建议联合审查组（简称审查组）印发的《建设项目不可避让生态保护红线论证意见审查程序》执行。

1. 论证报告

生态红线论证报告主要包括项目概况、项目合规性分析、项目涉及生态红线基本情况、项目穿越生态红线的不可避让性、项目涉及生态保护红线采取相应的环境保护措施等内容，具体内容如图 3–4 所示。

2. 论证审查程序

（1）省政府办公厅收到项目主管部门或市级人民政府呈报的建设项目不可避让生态保护红线论证建议后，即转审查组办公室及各成员单位实行并联审查。审查组对建设项目不可避让生态保护红线论证建议进行联合审查，并出具联合审查意见报省政府。

一、项目概况

介绍项目的必要性（意义）、项目规模、项目主要情况、项目位置、总投资及项目单位等。

二、项目合规性分析

项目合规性分析应包括国家产业政策和供地政策、国家发展规划、土地利用总体规划、城乡规划以及相关技术标准分析等内容。

三、项目涉及生态红线基本情况

介绍项目前期选址选线工作过程，方案对比、论证及优化，最终确定的线路路径跨越生态红线情况。

四、项目穿越生态红线的不可避让性

项目区域穿越生态保护红线情况及不可避让性说明。

五、项目涉及生态保护红线采取的环境保护措施

项目涉及生态保护红线时应针对不同区域采取相应的环境保护措施。

图 3-4　生态红线论证报告具体内容

（2）审查通过的，审查组办公室牵头起草建设项目不可避让生态保护红线论证建议审查情况的汇报，以审查组名义提请省政府常务会议审议。

（3）审议通过后，省政府办公厅按照省政府发文流程出具论证意见，并转论证建议申报单位依法办理相关手续。

3.4.2　水土保持方案

根据《中华人民共和国水土保持法》规定，水土保持是指对自然因素和人为活动造成水土流失所采取的预防和治理措施。随着生态文明建设的深入推进、生产建设单位水土流失防治主体责任的持续强化，国网公司认真贯彻中央生态文明建设决策部署和践行“绿水青山就是金山银山”理念，积极落实主体责任，建立健全水土保持管理组织和制度体系，深化电网建设项目水土保持全过程管理，不断发挥电网水土保持工作在电网高质量发展中的积极作用。

输变电工程项目选址、选线是电网建设需要重点研究和探讨的问题，不仅需要全面考虑选址的建设规模和经济效益，同时应落实选址、选线的水土保持合理性。《生产建设项目水土保持技术标准》（GB 50433—2018）中明确规定，

项目选址、选线应合理避让水土保持敏感区。

根据《水利部关于进一步深化“放管服”改革全面加强水土保持监管的意见》（水保〔2019〕160 号），目前水土保持方案类别及工作开展节点见表 3–5。

表 3–5　　水土保持方案类别及工作开展节点

水土保持方案类别	报告书	报告表
适用条件	征占地面积在 50000m² 以上；挖填土石方总量在 50000m³ 以上	征占地面积在 5000m² 以上 50000m² 以下；挖填土石方总量在 1000m³ 以上 50000m³ 以下
工作开展节点	（1）水土保持工作与可行性研究同步开展，报告编制单位配合项目选址、选线； （2）在项目可行性研究报告正式评审前，报告编制单位应完成水土保持方案初稿； （3）在项目初步设计评审后，报告编制单位根据初步设计评审情况进一步修改完善水土保持方案； （4）在项目开工前，项目建设管理单位须取得水行政主管部门正式水土保持批复文件	

3.4.2.1　依据性文件

（1）《中华人民共和国水土保持法》（2010 年修订）；

（2）《中华人民共和国水土保持法实施条例》（2011 年修订）；

（3）《关于划分国家级水土流失重点防治区的公告》（水利部公告 2006 年第 2 号）；

（4）《水利部办公厅关于印发〈水利部生产建设项目水土保持方案变更管理规定（试行）〉的通知》（办水保〔2016〕65 号）；

（5）《水利部办公厅关于印发生产建设项目水土保持设施自主验收规程（试行）的通知》（办水保〔2018〕133 号）；

（6）《水利部关于进一步深化“放管服”改革全面加强水土保持监管的意见》（水保〔2019〕160 号）；

（7）《水利部关于加强事中事后监管规范生产建设项目水土保持设施自主验收的通知》（水保〔2017〕365 号）；

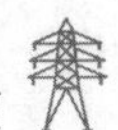

（8）《水利工程建设监理规定》（水利部令 2017 年第 49 号）；

（9）《开发建设项目水土保持方案编报审批管理规定》（水利部令 2017 年第 49 号）；

（10）《关于严格开发建设项目水土保持方案审查审批工作的通知》（水利部水保〔2007〕184 号）；

（11）《生产建设项目水土保持监测资质管理办法》（水利部令 2011 年第 45 号）；

（12）《安徽省人民政府关于划定水土流失重点防治区的公告》（皖政秘〔2017〕94 号）；

（13）《安徽省实施〈中华人民共和国水土保持法〉办法》（安徽省人大常委会公告 2014 年第 25 号）。

3.4.2.2 工作流程

输变电工程具有涉及范围广、跨距长、分散点多、扰动总面积大等特点，从而会造成一定程度的水土流失。因此，输变电工程项目在可行性研究阶段应启动水土保持方案编制工作，开工前必须取得水行政主管部门的批复文件。水土保持方案编制工作贯穿于工程可行性研究、设计、施工、运行全过程。水土保持方案编制阶段的工作流程如下。

1. 确定水土保持方案编制形式

根据征地面积和土石方量确定水土保持方案编制的报告形式（报告书或报告表）。对于征占地面积不足 5000m^2 且挖填土石方总量不足 1000m^3 的项目，不再办理水土保持方案编制及审批手续，生产建设单位和个人依法做好水土流失防治工作。

2. 水土保持方案报告书（表）编制工作委托

项目前期归口管理部门应委托具有相应能力、熟悉相关业务、工作业绩优良的水土保持咨询单位承担水土保持方案编制工作。水土保持方案编制单位应在项目可行性研究阶段开展相关工作，与可行性研究报告编制单位保持密切沟通。

3. 水土保持方案资料收集

开展电网建设项目水土保持方案编制工作前，项目前期归口管理部门需收集可行性研究报告、变电站地理位置图、总体规划图、总平面布置图和输电线路路径图、塔型图及路径协议等资料，并提供给水土保持方案编制单位。

4. 水土保持方案编制

水土保持方案的编制必须建立在可行性研究审定的路径、站址和技术方案基础上，与可行性研究报告设计方案保持一致。对于扩建工程，为防止出现前期工程未落实批复的水土保持措施，导致后期扩建工程水土保持报告不予审批的情况，水土保持方案编制单位应全面核实并详细分析已有工程的实际建设规模、水土保持方案批复及措施落实情况，确保满足扩建工程水土保持方案审批的需要。

水土保持方案报告表的主要内容应包括项目概况、水土流失防治方案、水土保持投资估概算以及要说明的其他事项等。

水土保持方案报告书编制的主要内容包括综合说明、项目概况、项目水土保持评价、水土流失分析与预测、水土保持措施、水土保持监测、水土保持投资估算和效益分析、水土保持管理、附件、附图和附表等内容，水土保持方案报告书的主要内容如图 3-5 所示。

5. 可行性研究方案意见复核及闭环处理

可行性研究报告编制单位接收可行性研究方案水土保持复核意见单后，及时闭环处理并反馈水土保持方案编制单位和建设单位。必要时应修改完善可行性研究方案或补充办理协议文件，确保项目水土保持的合法性。

6. 水土保持方案内审

水土保持方案报告书（表）编制完成后，建设单位应当开展内审工作，内审工作重点主要为：水土保持报告与相关法律法规和标准的相符性；水土保持分析的全面性；项目区现状调查的客观性、可靠性；水土流失预测的科学性、准确性；水土保持方案的规范性以及水土保持设施、措施的可行性、有效性。

一、综合说明

综合说明应包括项目简况、编制依据、设计水平年确定、水土流失防治责任范围、水土流失防治目标、水土保持评价结论、水土流失预测结果、水土保持措施布设成果、水土保持监测方案、水土保持投资及效益分析、主要结论和建议等。

二、项目概况

项目概况应包括项目组成及工程布置、工程占地、土石方及其平衡、拆迁（移民）安置与专项设施改（迁）建、进度安排、自然概况等。

三、项目水土保持评价

项目水土保持评价应包括主体工程选址（线）水土保持评价、建设方案与布局水土保持评价、主体工程设计中水土保持措施界定等。

四、水土流失分析与预测

水土流失分析与预测应包括水土流失现状、水土流失影响因素分析、水土流失量预测、水土流失危害分析等。

五、水土保持措施

水土保持措施应包括防治区划分、措施总体布局、措施分区布设等。

六、水土保持监测

水土保持监测应包括范围和时段、内容和方法、点位布设、实施条件和成果等。

七、水土保持投资估算和效益分析

水土保持投资估算和效益分析包括投资估算和效益分析。

八、水土保持管理

水土保持管理应包括组织管理、后续设计、水土保持监测、水土保持监理、水土保持施工、水土保持设施验收等。

九、附件、附图和附表

附件主要包括与输变电工程相关的资料、回函、协议及水保方案编制委托书（函）等。附图主要包括项目所在地的地理位置图、项目区地貌及水系图、水土流失防治区划分图及水土保持措施总体布局图等。附表主要包括水土保持投资估算附表、方案特性表等。

图 3-5　水土保持方案报告书的主要内容

7. 水土保持方案报告书（表）报批

项目前期归口管理部门将水土保持方案报告书报送水行政主管部门（或者地方人民政府确定的其他水土保持方案审批部门，简称其他审批部门）审批，并于建设项目开工前取得水土保持批复文件。其中，对水土保持方案报告表实行承诺制管理，由生产建设单位从省级水行政主管部门水土保持方案专家库中自行选取至少一名专家签署是否同意意见，审批部门不再组织技术评审。水土保持方案报告书与报告表审批形式对比见表 3-6。根据《水利部关于进一步深化"放管服"改革全面加强水土保持监管的意见》（水保〔2019〕160 号）要求，水土保持方案报告书的审批时间为 10 个工作日以内，承诺制管理的水土保持方案，实行即来即办、现场办结。

表 3-6　　水土保持方案报告书与报告表审批形式对比

报告类别	水土保持方案报告书	水土保持方案报告表
审批形式	需要进行技术评审，技术评审意见作为行政许可的技术支撑和基本依据，行政主管部门或者其他审批部门组织开展技术评审	实行承诺制管理，由生产建设单位从省级水行政主管部门水土保持方案专家库中自行选取至少一名专家签署是否同意意见，审批部门不再组织技术评审

技术评审单位对技术评审意见、专家对签署的意见负责。严格水土保持方案审批，对不符合相关水土保持法律法规、技术标准等要求的一律不予许可。对实行承诺制管理的项目，水利行政主管部门要对承诺人履行承诺的情况进行跟踪检查，对承诺人未履行承诺的，审批部门要依法撤销水土保持行政审批决定并追究承诺人的相应责任。

输变电工程项目前期过程中，水土保持方案编制的工作流程如图 3-6 所示。

3.4.2.3　主要工作成果

输变电工程项目前期水土保持主要工作成果为相关报审及批复材料（含变更报审材料）：

（1）水土保持方案报告书或报告表。

（2）专家签署意见及输变电工程项目水土保持方案批复。

3.4.3　压覆矿产资源评估

压覆矿产资源是指因建设项目实施后导致矿产资源不能开发利用。应根据需要开展压覆矿产资源评估，以降低矿产资源开发的损耗率。对于输变电工程，若建设单位函询［向省、市、县（区）自然资源主管部门查询］结果中明确变电站站址或输电线路路径压覆矿产资源，则需进行压覆矿产资源评估。

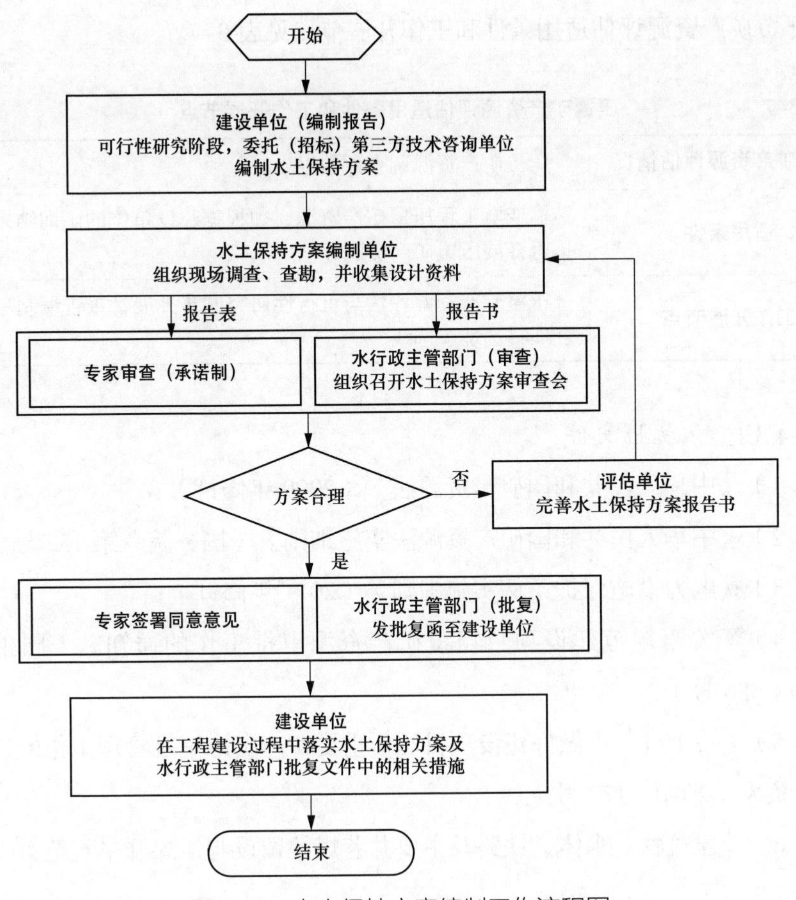

图 3-6　水土保持方案编制工作流程图

重要矿产资源是指国家规划矿区、对国民经济具有重要价值的矿区和《矿产资源开采登记管理办法》（国务院令 2014 年第 653 号）附录中 34 个矿种的矿床规模在中型以上的矿产资源。炼焦用煤、富铁矿、铬铁矿、富铜矿、钨、锡、锑、稀土、钼、铌钽、钾盐、金刚石矿产资源储量规模在中型以上的矿区原则上不得压覆，但国务院批准的或国务院组成部门按照国家产业政策批准的国家重大建设项目除外。其中，根据《中华人民共和国矿产资源法》及《中华人民共和国矿产资源法实施细则》，探矿权是指在依法取得的勘查许可证规定的范围内，勘查矿产资源的权利；采矿权是指在依法取得的采矿许可证规定的范围内，开采矿产资源和获得所开采的矿产品的权利。

压覆矿产资源评估适用条件和工作开展节点见表 3–7。

表 3–7　压覆矿产资源评估适用条件和工作开展节点

压覆矿产资源评估情况	压覆矿产资源调查评估报告
适用条件	输变电工程压覆矿产资源，须根据建设单位的函询结果决定是否开展压覆矿产资源评估
工作开展节点	压覆矿产资源评估与可行性研究同步开展，报告编制单位配合项目选址、选线

3.4.3.1　依据性文件

（1）《中华人民共和国矿产资源法》（2009 年修订）；

（2）《中华人民共和国矿产资源法实施细则》（国务院令第 152 号）；

（3）《电力设施保护条例实施细则》（2011 年修订）；

（4）《关于规范建设项目压覆矿产资源审批工作的通知》（国土资发〔2000〕386 号）；

（5）《关于进一步做好建设项目压覆重要矿产资源审批管理工作的通知》（国土资发〔2010〕137 号）；

（6）《建筑物、水体、铁路及主要井巷煤柱留设与压煤开采规范》（2017 年施行）；

（7）《协调统一基建类和生产类标准差异条款》（国家电网科〔2011〕12 号）；

（8）《66kV 及以下架空电力线路设计规范》（GB 50061—2010）；

（9）《110kV ~ 750kV 架空输电线路设计规范》（GB 50545—2010）。

3.4.3.2　工作流程

若选址、选线未压覆矿产资源，则需省自然资源厅、市、县（区）自然资源与规划局出具的明确选址、选线未压覆矿产资源的回函，压覆矿产资源评估过程结束；若回复函中明确压覆矿产资源，则需进行压覆矿产资源评估，主要工作流程如下。

1. 明确站址、线路是否压覆矿产资源

可行性研究报告编制单位配合建设单位，将输变电工程站址和线路路径方案、线路中心转角坐标及带状坐标向工程所在地的县、市、省三级自然资源主管部门报批，了解输电线路两侧及两端各 2km 范围内的矿产资源和矿业产权分布情况，取得输变电工程是否压覆矿产资源的函询文件，若函询结果明确站址或线路未压覆矿产资源，则需取得明确选址选线未压覆矿产资源的回函，确保变电站站址和线路路径成立；若函询结果指出站址或线路压覆矿产资源，建设单位则需委托（招标）具有相应资质的评估机构进行压覆矿产资源评估。

2. 项目委托（招标）

根据函询结果，若变电站站址或输电线路路径压覆矿产资源，在可行性研究阶段，建设单位委托（招标）具有相应资质的评估机构开展压覆矿产资源评估工作。

3. 编制压覆矿产资源调查评估报告

建设单位和可行性研究报告编制单位配合评估单位开展工作，评估单位根据建设单位提供的项目路径和站址坐标，依据函询结果，对压覆矿产资源储量进行调查评估并负责编制压覆矿产资源调查评估报告。

4. 分级审批

《关于规范建设项目压覆矿产资源审批工作的通知》（国土资发〔2000〕386 号）要求："需要压覆重要矿产资源的建设项目，在建设项目可行性研究阶段，建设单位提出压覆重要矿产资源申请，由省级国土资源主管部门审查，出具是否压覆重要矿床证明材料或压覆重要矿床的评估报告，报国土资源部批准。"《关于进一步做好建设项目压覆重要矿产资源审批管理工作的通知》（国土资发〔2010〕137 号）要求："建设项目压覆重要矿产资源由省级以上国土资源行政主管部门审批。压覆石油、天然气、放射性矿产，或压覆《矿产资源开采登记管理办法》附录所列矿种（石油、天然气、放射性矿产除外）累计查明资源储量数量达大型矿区规模以上的，或矿区查明资源储量规模达到大型并且压覆占三分之一以上的，由国土资源部负责审批。"

需要压覆非重要矿产资源的建设项目，在建设项目可行性研究阶段，建设单位应提出压覆非重要矿产资源申请，根据建设单位的函询结果决定是否进行压覆矿产资源评估；若需进行压覆矿产资源评估，则由矿产地所在行政区的县级或市级以上地质矿产主管部门审查，出具是否压覆非重要矿床证明材料或压覆非重要矿床的评估报告，报省级自然资源厅批准。

按照安徽省自然资源厅要求，输变电工程若压覆矿产资源且具有采矿权的，需与矿权人签订补偿协议或互不影响协议。输变电工程压覆探矿权不分探矿权勘查阶段（预查、普查、详查和勘探 4 个勘查阶段），凡压覆探矿权已评审备案的资源储量，需与矿权人签订补偿协议。未压覆财政出资勘查的探矿权资源储量，但处于压覆探矿权范围的输变电工程，也需要签订补偿协议；少量压覆探矿权范围，可不签订协议。

5. 报告送审

根据压覆矿产资源的分级审批要求，在站址及路径方案确定后，在可行性研究报告编制单位配合下由评估机构完成编制压覆矿产资源调查评估报告，将评估报告报送安徽省矿产资源储量评审中心审查并出具评审意见书，由省自然资源主管部门下达相应的批复文件。

6. 报批要求

建设项目压覆已设置矿业权矿产资源的，新的土地使用权人还应同时与矿业权人签订协议，协议应包括矿业权人同意放弃被压覆矿区范围及相关补偿内容。补偿的范围原则上应包括：

（1）矿业权人被压覆资源储量在当前市场条件下所应缴的价款（无偿取得的除外）；

（2）所压覆的矿产资源分担的勘查投资、已建的开采设施投入和搬迁相应设施等直接损失。

建设单位应在收到同意压覆重要矿产资源的批复文件后 45 个工作日内，到项目所在地省级国土资源行政主管部门办理压覆重要矿产资源储量登记手续；45 个工作日内不申请办理压覆重要矿产资源储量登记手续的，审批文件自动失效。

35 ~ 220kV 输变电项目涉及压覆矿产资源的工作流程如图 3-7 所示。

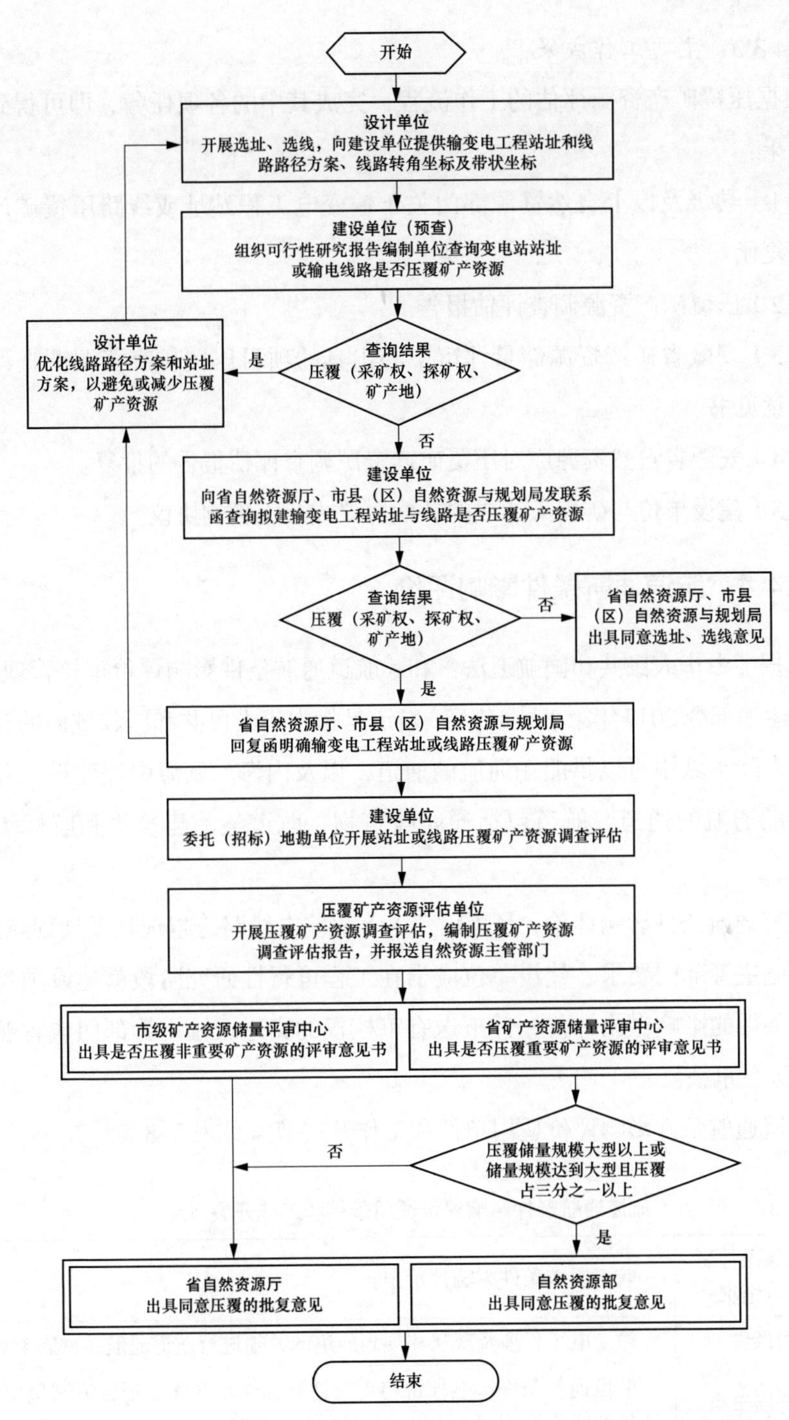

图 3-7 35～220kV 输变电项目涉及压覆矿产资源工作流程图

3.4.3.3　主要工作成果

根据压覆矿产资源评估的工作流程，完成其中的各项任务，即可得到以下工作成果：

（1）县级及以上自然资源部门关于输变电工程站址或线路压覆矿产资源情况的复函。

（2）压覆矿产资源调查评估报告。

（3）安徽省矿产资源储量评审中心出具的项目压覆矿产资源调查评估报告评审意见书。

（4）安徽省自然资源厅对压覆矿产资源调查评估报告的批复。

（5）建设单位与矿权人达成的补偿协议或互不影响协议。

3.4.4　航道通航条件影响评价

根据《中华人民共和国航道法》和《航道通航条件影响评价审核管理办法》（交通运输部令2017年第1号）规定，航道是指中华人民共和国领域内的江河、湖泊等内陆水域中可以供船舶通航的通道，以及内海、领海中经建设、养护可以供船舶通航的通道。航道包括通航建筑物、航道整治建筑物和航标等航道设施。

航道通航条件影响评价，是指输变电工程输电线路跨越现状及规划航道时，根据航道主管部门要求，建设单位应当在工程可行性研究阶段就建设项目对航道通航条件的影响做出评价，并报送有审核权的交通运输主管部门或者航道管理机构进行审核。

航道通航条件影响评价适用条件和工作开展节点见表3–8。

表3–8　　航道通航条件影响评价适用条件和工作开展节点

航道通航条件影响评价情况	航道通航条件影响评价报告
适用条件	输变电工程涉及现状和规划航道的，须进行航道通航条件影响评价
工作开展节点	航道通航条件影响评价与可行性研究同步开展，报告编制单位配合项目选线

3.4.4.1　依据性文件

（1）《中华人民共和国航道法》（2016 年修订）；

（2）《中华人民共和国航道管理条例》（2017 年修订）；

（3）《中华人民共和国航道管理条例实施细则》（2009 年修订）；

（4）《航道通航条件影响评价审核管理办法》（交通运输部令 2017 年第 1号）；

（5）《中华人民共和国水上水下活动通航安全管理规定》（交通运输部令 2019 年第 2 号）；

（6）《安徽省航道管理办法》（安徽省人民政府令 2014 年第 62 号）；

（7）《安徽省水上交通安全管理条例》（2014 年施行）；

（8）《内河通航标准》（GB 50139—2014）；

（9）《船闸总体设计规范》（JTJ 305—2001）；

（10）《跨越和穿越航道工程航道通航条件影响评价报告编制规定》（JTS 120–1—2018）；

（11）《运河通航标准》（JTS 180–2—2011）；

（12）《66kV 及以下架空电力线路设计规范》（GB 50061—2010）；

（13）《110kV ~ 750kV 架空输电线路设计规范》（GB 50545—2010）。

3.4.4.2　工作流程

输电线路跨越现状及规划航道时，根据法律法规规定以及航道主管部门要求，须进行航道通航条件影响评价。航道通航条件影响评价主要的工作流程如下。

1. 征询意见

可行性研究报告编制单位应配合建设单位，将输变电工程线路路径方案送至交通运输主管部门，征询线路跨越航道的意见。建设单位根据交通运输主管部门的意见，调整线路路径方案以避免跨越已建或规划的船闸、引航道、码头等航道建筑物，并尽量减少跨越航道；若无法避免，则需进行航道通航条件影响评价报告编制工作。

2. 项目委托（招标）

输电线路路径方案需跨越航道时，根据辖区交通运输主管部门要求，在可行性研究阶段，建设单位委托（招标）具有相应经验、技术条件和能力、信誉良好的评估机构开展航道通航条件影响评价工作。

3. 编制航道通航条件影响评价报告

建设单位和设计单位配合评估单位开展工作，评估单位负责编制航道通航条件影响评价报告。航道通航条件影响评价报告主要包括八个方面：建设项目概况；所在河段、湖区的通航环境；选址评价；与通航有关的技术参数和技术要求的分析论证；对航道条件、通航安全、港口及航运发展的影响分析；减小或者消除对航道通航条件影响的措施；航道条件与通航安全的保障措施；征求各有关方面意见的情况及处理情况。

4. 航道通航条件影响评价审核申请

建设单位在工程可行性研究阶段组织完成航道通航条件影响评价报告后，应当向审核部门提出航道通航条件影响评价审核申请。建设单位申请航道通航条件影响评价审核时，需提交以下材料：

（1）审核申请书；

（2）航道通航条件影响评价报告；

（3）项目的规划或者其他建设依据；

（4）建设单位的营业执照、组织机构代码证、成立文件等机构证明文件；

（5）涉及规划调整或者拆迁等措施的，应当提供规划调整或者拆迁已取得同意或者已达成一致的承诺函、协议等材料。

建设单位应当对所提交材料的真实性、合法性负责。

5. 航道通航条件影响评价审核

审核部门收到建设单位提交的审核申请后，应当进行材料审查。不属于受理范围的，审核部门应当及时告知建设单位。申请材料不全或者不符合规定要求的，应当在 5 个工作日内一次性告知需要补正的全部内容。材料审查通过的，审核部门应当予以受理，并出具受理通知书。

审核部门在受理审核申请后 20 个工作日内完成审核并出具航道通航条件

影响评价咨询意见。其中咨询意见应提出明确意见，并做出通过或者不予通过审核的意见。审核未通过的，建设单位可以根据审核意见对工程选址或者建设方案等进行调整，重新编制航道通航条件影响评价报告，并报送审核部门审核。此外，审核部门应当在审核意见中明确负责组织监督检查的部门或者建设项目所在水域负责航道现场管理的机构，并将审核意见抄送该部门或者机构。

35～220kV输变电项目未涉及长江的航道通航条件影响评价的工作流程如图3–8所示。对于跨越长江的输变电项目，除了需要征求辖区交通运输主管部门意见，还需要长江航务管理局出具审核意见，具体批复视项目立项等级由交通运输部或者长江航务管理局出具最终的审核意见。

3.4.4.3 主要工作成果

根据航道通航条件影响评价的工作流程，完成其中的各项任务，即可得到以下工作成果：

（1）交通运输主管部门或者航道管理机构关于输变电工程线路航道通航条件影响评价的审核意见。

（2）航道通航条件影响评价报告。

（3）航道通航条件影响评价咨询意见。

（4）第三方协议（若涉及）。

3.4.5 防洪影响评价

依据《河道管理范围内建设项目管理的有关规定》（水政〔1992〕7号），防洪影响评价的适用条件和工作开展节点见表3–9。

表3–9 防洪影响评价适用条件和工作开展节点

防洪影响评价情况	防洪影响评价报告
适用条件	河道（河滩地、湖泊、水库、人工水道、行洪区、蓄洪区、滞洪区）管理范围内新建、扩建、改建的输变电工程，须进行防洪影响评价
工作开展节点	防洪影响评价与可行性研究同步开展。在初步设计阶段，报告编制单位编制防洪影响评价，具体报告编制阶段需按照各地市的要求执行

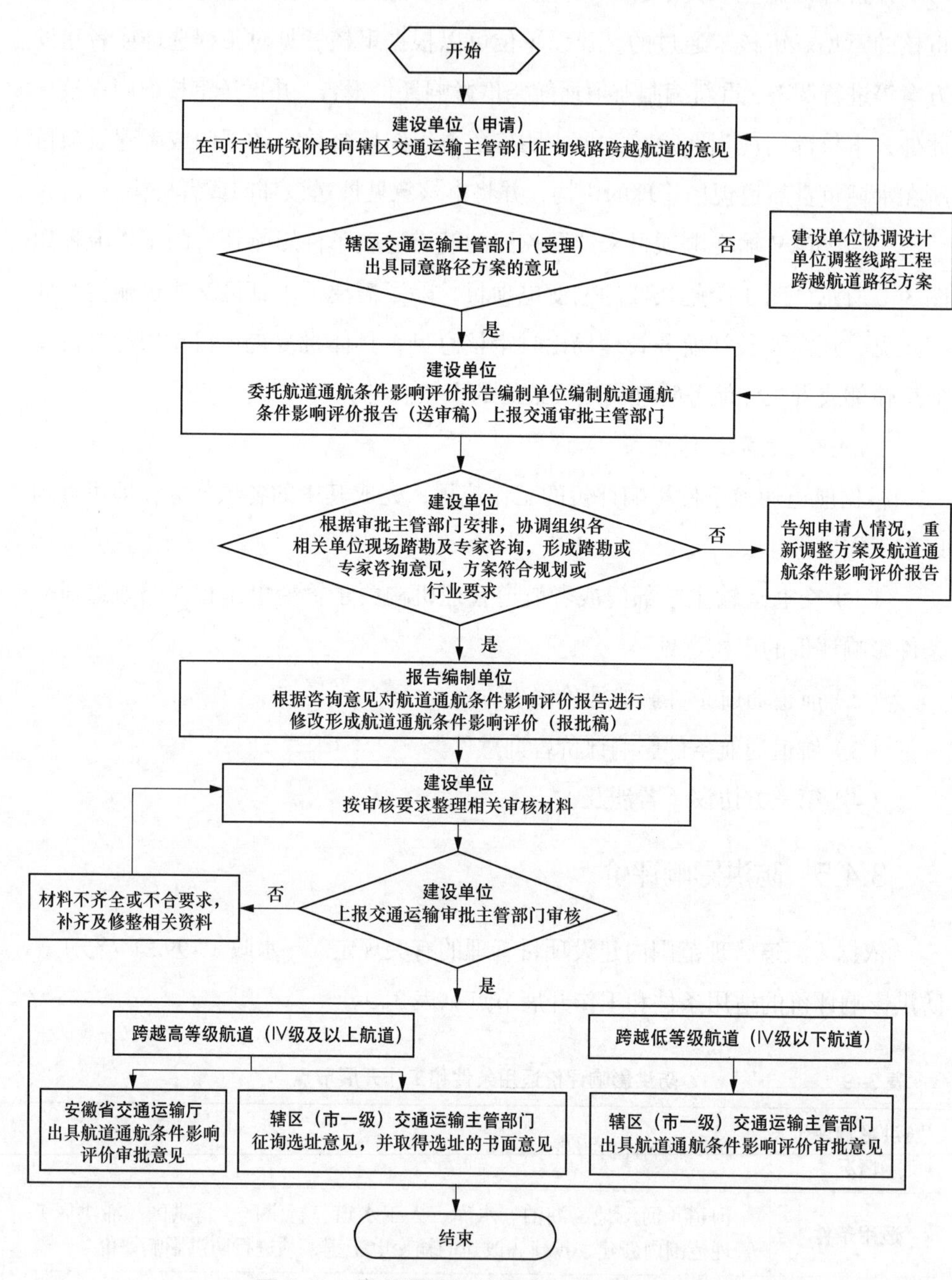

图 3-8　航道通航条件影响评价工作流程图

河道管理范围内输变电工程建设必须符合国家规定的防洪标准和其他技术要求，维护堤防安全，保持河势稳定和行洪、航运通畅。蓄滞洪区、行洪区内输变电工程还应符合《蓄滞洪区安全与建设指导纲要》（国发〔1988〕74号批）的有关规定。

3.4.5.1 依据性文件

（1）《中华人民共和国水法》（2016年修订）；

（2）《中华人民共和国防洪法》（2016年修订）；

（3）《中华人民共和国河道管理条例》（2017年修订）；

（4）《河道管理范围内建设项目管理的有关规定》（水政〔1992〕7号）；

（5）《安徽省水工程管理和保护条例》（2018年修订）；

（6）《安徽省实施〈中华人民共和国河道管理条例〉办法》（2014年修订）；

（7）《安徽省河道及水工程管理范围内建设项目管理办法（试行）》（皖水管〔2005〕107号）；

（8）《淮委审查洪水影响评价类（非水工程）建设项目技术规定（试行）》（2018年施行）；

（9）《66kV及以下架空电力线路设计规范》（GB 50061—2010）；

（10）《110kV～750kV架空输电线路设计规范》（GB 50545—2010）；

（11）《110kV～750kV架空输电线路大跨越设计技术规程》（DL/T 5485—2013）；

（12）《内河航道工程设计规范》（DG/TJ 08-2116—2012）。

3.4.5.2 工作流程

输电线路涉及河道（河滩地、湖泊、水库、人工水道、行洪区、蓄洪区、滞洪区）管理范围时，根据相关法律、法规规定及水利主管部门要求，须进行防洪影响评价工作。防洪影响评价主要的工作流程如下。

1. 征询意见

可行性研究报告编制单位应配合建设单位，将输变电工程线路路径方案送至水行政主管部门，征询输电线路影响河道管理的意见。建设单位根据水行政主管部门的意见，调整线路路径方案以避免影响行洪、涉及河道管理范围等；

若线路路径无法避让，则需按照水行政主管部门的要求，开展防洪影响评价工作。

2. 项目委托（招标）

输电线路路径方案涉及河道管理范围时，根据水行政主管部门要求，在可行性研究阶段，建设单位委托（招标）开展防洪影响评价工作。

3. 防洪影响评价报告编制

建设单位和可行性研究报告编制单位配合防洪评价单位开展工作，防洪评价单位负责编制防洪影响评价报告。评价报告内容应满足《河道管理范围内建设项目管理的有关规定》（水政〔1992〕7 号）审查内容的要求，包括以下主要内容：概述；基本情况；河道演变；防洪影响评价计算；防洪综合评价；防治与补救措施。

防洪影响评价报告中的各项内容应符合《中华人民共和国防洪法》（2016 年修订）与《河道管理范围内建设项目防洪评价报告编制导则（试行）》（办建管〔2004〕109 号）规定要求。地方人民政府水行政主管部门针对防洪影响评价报告组织开展专家审查会，防洪影响评价报告审查通过并按照专家组意见修改完善后，作为项目建设方案的主要组成部分，以取得水行政主管部门对工程项目同意施工的批复。

4. 防洪影响评价审核申请

建设单位编制建设方案时，必须按照河道管理权限向河道主管机关提出防洪影响评价审核申请，申请时应提供以下文件：

（1）申请书；

（2）发展改革委项目立项文件；

（3）输变电工程所依据的文件；

（4）输变电工程涉及河道与防洪部分的初步设计方案；

（5）占用河道管理范围内土地情况及该建设项目防御洪涝的设防标准与措施；

（6）说明输变电工程对河势变化、堤防安全，河道行洪、河水水质的影响以及拟采取的补救措施；

（7）防洪影响评价报告（报批稿）。

5. 防洪影响评价报告审查要点

河道主管机关接到申请后，需进行审查，审查主要内容为：

（1）是否符合江河流域综合规划和有关的国土及区域发展规划，对规划实施有何影响；

（2）是否符合防洪标准和有关技术要求；

（3）对河势稳定、水流形态、水质、冲淤变化有无不利影响；

（4）是否妨碍行洪、降低河道泄洪能力；

（5）对堤防、护岸和其他水工程安全的影响；

（6）是否妨碍防汛抢险；

（7）建设项目防御洪涝的设防标准与措施是否适当；

（8）是否影响第三人合法的水事权益；

（9）是否符合其他有关规定和协议。

6. 防洪影响评价审查

河道主管机关应在法定期限内将审查意见书面通知申请单位，同意兴建的，应发给审查同意书，并上报上级水行政主管部门和建设单位的上级主管部门。建设单位在取得河道主管机关的审查同意书后，方可开工建设。建设单位在报送项目立项文件时，必须附有河道主管机关的审查同意书，否则计划主管部门不予审批。河道主管机关做出不同意建设的决定，或者要求就有关问题进一步修改补充后再行审查的，应当在批复中说明理由和依据。建设单位对批复持有异议的，可依法提出行政复议申请。

计划主管部门在审批项目时，如对建设项目的性质、规模、地点做较大变动时，应事先征得河道主管机关的同意。建设单位应重新办理审查同意书。

35 ~ 220kV 输变电项目防洪影响评价的工作流程如图 3–9 所示。

3.4.5.3 主要工作成果

根据防洪影响评价的工作流程，完成其中的各项任务，即可得到以下工作成果：

（1）项目设计方案与图纸。

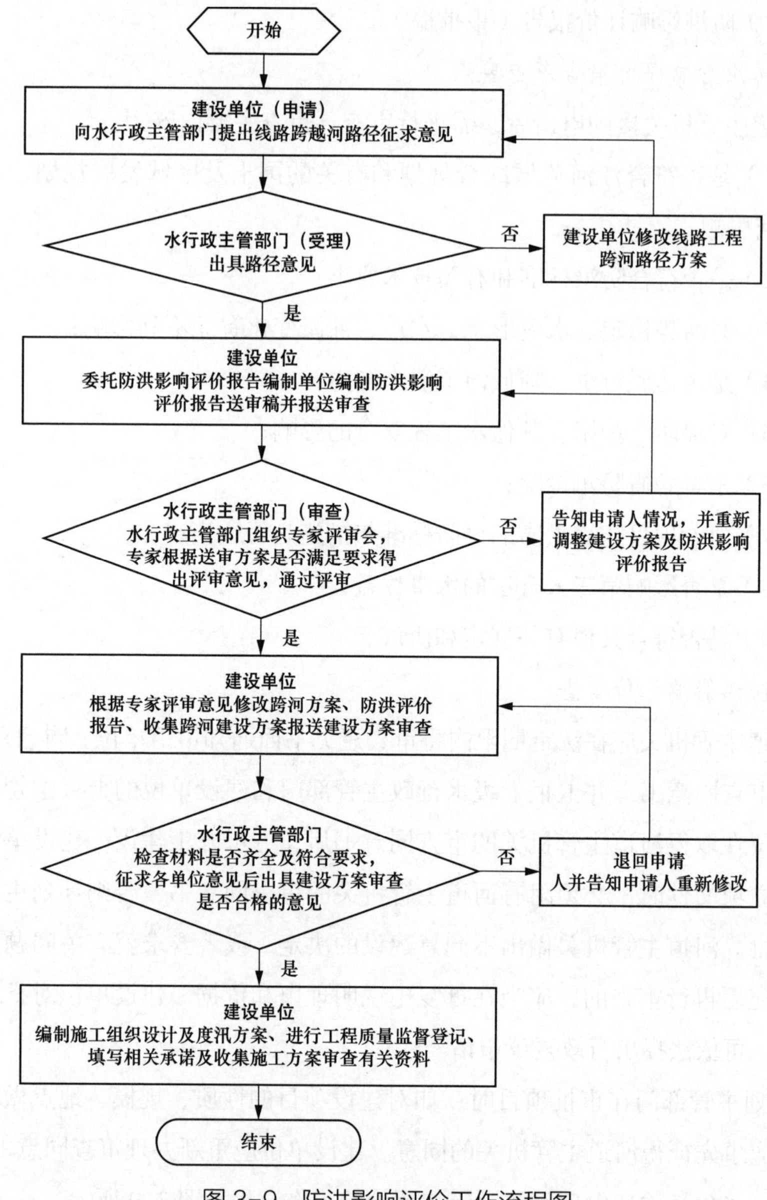

图 3-9　防洪影响评价工作流程图

（2）防洪影响评价报告专家评审意见。

（3）防洪影响评价报告（报批稿）。

（4）工程项目建设方案。

（5）水行政主管部门对工程跨越河道建设方案的审查批复。

3.4.6 使用林地报告

根据《建设项目使用林地审核审批管理办法》（国家林业局令 2016 年第 42 号）规定，“建设项目使用林地，是指在林地上建造永久性、临时性的建筑物、构筑物，以及其他改变林地用途的建设行为。”使用林地的适用条件和工作开展节点见表 3-10。对于输变电工程，若变电站站址或输电线路路径涉及使用林地，需根据林业主管部门要求，办理相关手续并编制使用林地可行性报告书或使用林地现状调查表。

表 3-10　使用林地适用条件和工作开展节点

	使用林地可行性报告	使用林地现状调查表
使用林地情况	使用林地面积 $20000m^2$ 以上，或者涉及使用自然保护区、森林公园、湿地公园、风景名胜区等重点生态区域范围内的林地	使用林地面积小于 $20000m^2$
适用条件	输变电工程涉及使用林地，根据林业主管部门要求，须办理使用林地相关手续，并编制使用林地可行性报告书或现状调查表	
工作开展节点	使用林地与可行性研究同步开展，报告编制单位配合项目选址选线，其中发展部负责报告书（调查表）的编制工作，建设部负责林地赔偿工作	

根据《中华人民共和国森林法实施条例》（2018 年修订）规定的建设项目使用林地审核审批权限，使用林地类型分为防护林地、特种用途林地、用材林地、经济林地、薪炭林地、苗圃地和其他林地。其中，用材林地、经济林地、薪炭林地均包含其采伐迹地。

3.4.6.1　依据性文件

（1）《中华人民共和国森林法》（2019 年修订）；

（2）《中华人民共和国森林法实施条例》（2018 年修订）；

（3）《建设项目使用林地审核审批管理办法》（国家林业局令 2016 年第

42号）；

（4）《安徽省实施〈中华人民共和国森林法〉办法》（安徽省人大常委会公告2017年第59号）；

（5）《安徽省林地保护管理条例》（安徽省人大常委会公告2004年第33号）；

（6）《安徽省林业有害生物防治条例》（安徽省人大常委会公告2017年第62号）；

（7）《安徽省林业局关于进一步规范建设项目使用林地审核审批工作有关事项的通知》（林资〔2019〕8号）；

（8）《66kV及以下架空电力线路设计规范》（GB 50061—2010）；

（9）《110kV～750kV架空输电线路设计规范》（GB 50545—2010）；

（10）《建设项目使用林地可行性报告编制规范》（LY/T 2492—2015）。

3.4.6.2　工作流程

输变电工程站址或线路路经涉及使用林木用地时，根据法律法规规定及林业主管部门要求，须进行使用林地可行性分析工作。使用林地主要的工作流程如下。

1. 明确是否使用林地

可行性研究报告编制单位应配合建设单位，将输变电工程项目材料送至林业主管部门，征询变电站站址和线路路径使用林地的意见；建设单位根据林业主管部门的意见，调整项目方案以避免使用林地；若无法避免，则需进行使用林地可行性报告或使用林地现场调查表编制工作。

根据《安徽省生态保护红线》（2018年施行）的红线划分区域与《建设项目使用林地审核审批管理办法》（国家林业局令2016年第42号）的相关规定，对输变电工程涉及林地做出以下要求。

（1）输变电工程不得使用Ⅰ级保护林地。

（2）县（市、区）人民政府及其有关部门批准的输变电工程可以使用Ⅱ级及其以下保护林地。

（3）符合城镇规划的建设项目和符合乡村规划的输变电工程，可以使用

Ⅱ级及其以下保护林地。

（4）输变电工程建设项目配套的采石（沙）场、取土场使用林地按照主体建设项目使用林地范围执行，但不得使用Ⅱ级保护林地中的有林地。其中，在国务院确定的国家所有的重点林区内，不得使用Ⅲ级以上保护林地中的有林地。

（5）35～220kV 输变电工程可以使用Ⅳ级保护林地。

（6）除上述 5 项以外的输变电工程使用林地，不得使用一级国家级公益林地。

以上所称Ⅰ、Ⅱ、Ⅲ、Ⅳ级保护林地，是指依据县级以上人民政府批准的林地保护利用规划确定的林地。国家级公益林林地，是指依据国家林业局、财政部的有关规定确定的公益林林地。

2. 项目委托（招标）

变电站站址或输电线路路径涉及使用林地时，在可行性研究阶段，建设单位需委托（招标）具有相应资质的评估机构开展使用林地可行性报告或使用林地现状调查表编制工作。

3. 使用林地可行性报告（或使用林地现状调查表）编制

建设单位和可行性研究报告编制单位配合评估单位开展工作，评估单位根据建设单位提供的输变电工程规模编制使用林地可行性报告或者使用林地现状调查表。

使用林地现状调查表的主要内容包括使用林地类型、现状地类、使用林地情况简要说明和森林植被恢复费测算等内容。

使用林地可行性报告报告的主要内容包括项目基本情况（范围、规模、具体建设内容、布局、进度安排等）、使用林地现状情况（数量、地类、林地保护等级、使用林地类型、生态区位、具体建设内容）、使用林地可行性分析、保障措施、分析结论、森林植被恢复费测算等内容。

4. 使用林地可行性报告（使用林地现状调查表）报审

建设单位将输变电工程输电线路路径和变电站站址的相关材料及编制完成的使用林地可行性报告（或使用林地现状调查表）报送至林业主管部门，林业主管部门组织评审。若使用林地可行性报告（或使用林地现状调查表）评审未通过，建设单位需要调整输变电工程建设方案及修改使用林地可行性报告（或使用林地现状调查表）；反之，评审通过，建设单位使用林地专题评估工作结束，之后由建设单位持续开展使用林地的其他相关工作。

35 ~ 220kV 输变电项目使用林地的工作流程如图 3-10 所示。

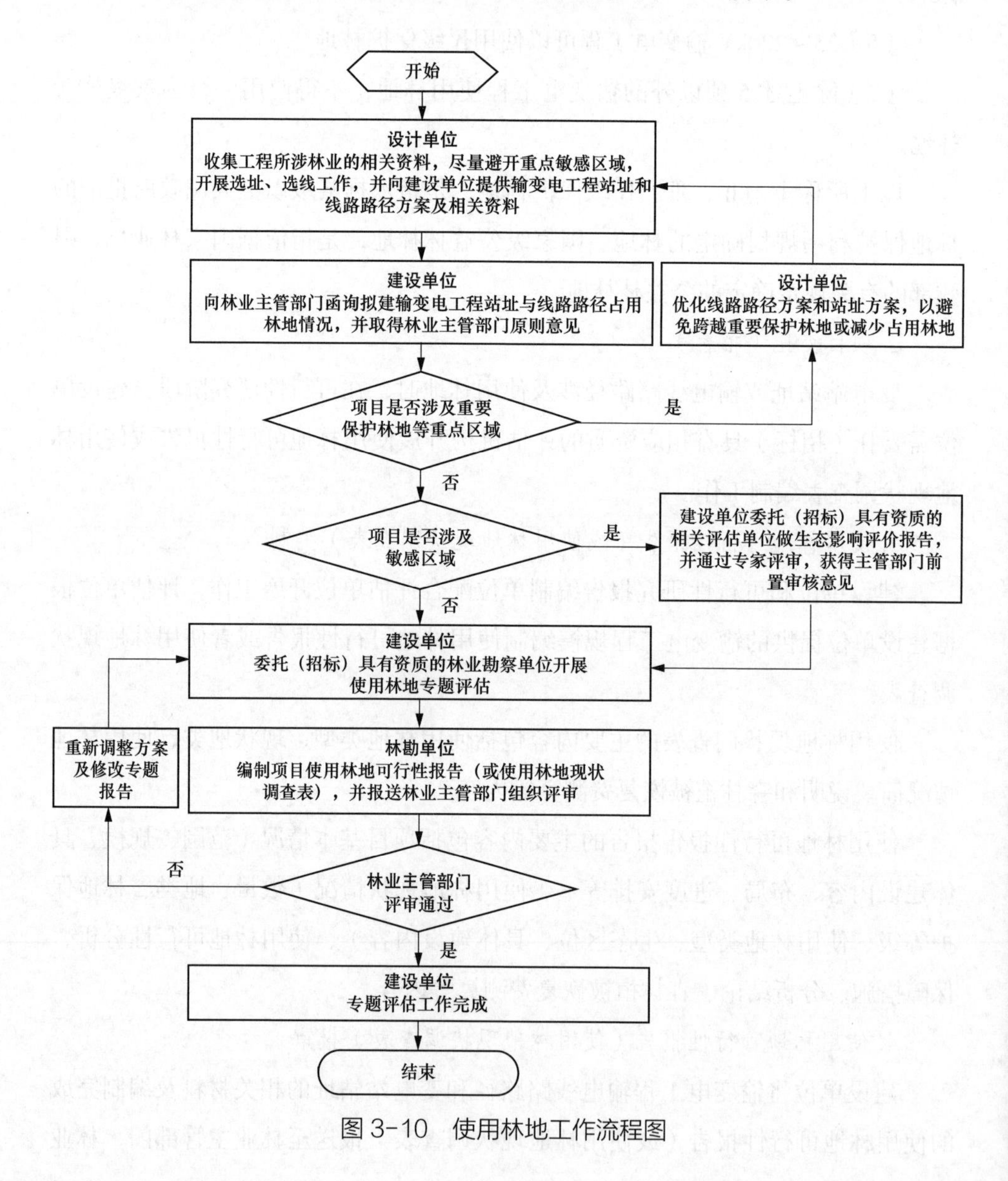

图 3-10　使用林地工作流程图

3.4.6.3　主要工作成果

根据使用林地的工作流程，完成其中的各项任务，即可得到以下工作成果：

（1）林业主管部门关于输变电工程使用林地情况的复函。

（2）使用林地可行性报告或使用林地现状调查表。

3.4.6.4　下一阶段工作

使用林地可行性报告（使用林地现状调查表）评审通过后，建设单位需进行使用林地申请、审核审批、办理林木采伐许可证以及林木赔偿等相关工作。

1. 使用林地申请

输变电工程确需使用林地的，建设单位应当向所在地的县级人民政府林业主管部门提出使用林地申请，经逐级核准报省人民政府林业主管部门审核同意后，方可到土地主管部门办理建设用地审批手续。

建设单位向林业主管部门申请使用林地时，需提交下列材料：

（1）使用林地申请表；

（2）建设单位的资质证明或个人身份证明；

（3）输变电工程项目的有关批准文件；

（4）拟使用林地的有关材料；

（5）使用林地可行报告或使用林地现状调查表。

2. 使用林地审核审批受理

使用林地审核审批受理流程主要包括以下内容：

（1）建设单位向县级人民政府林业主管部门提出申请后，县级人民政府林业主管部门核对收到的使用林地申请材料。申请材料不符合要求的，应告知申请人需要补正的全部内容。

（2）县级人民政府林业主管部门对材料齐全、符合条件的使用林地申请，指派工作人员进行现场查验，并填写使用林地现场查验表。

（3）县级人民政府林业主管部门对建设项目拟使用的林地，应当在林地所在地的村（组）或者林场范围内将拟使用林地用途、范围、面积等内容进行公示，但是依照相关法律法规的规定不需要公示的除外。

（4）按照规定需要报上级人民政府林业主管部门审核和审批的建设项目，下级人民政府林业主管部门应当将初步审查意见和全部材料报上级人民政府林业主管部门。其中，审查意见中应当包括以下内容：项目基本情况，拟使用林地和采伐林木情况，符合林地保护利用规划情况，使用林地定额情况，以及现场查验、公示情况等。

3. 使用林地审核

使用林地申请经审核同意后，用地单位应按照国家规定的标准向省人民政府林业行政主管部门预交森林植被恢复费，领取使用林地审核同意书。对建设用地申请未被批准的，省人民政府林业主管部门应当自接到不予批准通知之日起 7 日内将收取的森林植被恢复费如数退还。

建设用地申请获批准的单位，需按下列标准向被征用、占用林地的所有者或使用者支付补偿费用。

（1）林地补偿费：

1）用材林林地按主伐期产值的 4 ~ 6 倍补偿；

2）经济林林地、苗圃地按前三年平均年产值的 6 倍补偿；尚无产值的，按当地经济林林地、苗圃地平均年产值的 5 倍补偿；

3）防护林林地、特种用途林林地按用材林林地补偿标准的 2 ~ 3 倍补偿；

4）薪炭林林地和其他林地按用材林林地补偿标准的 70% ~ 90% 补偿。

（2）林木补偿费：

1）用材林、防护林、特种用途林主干平均胸径大于 20cm 的，按实有材积价值的 10% ~ 20% 补偿；主干平均胸径 5 ~ 20cm 的，按实有材积价值的 60% ~ 80% 补偿；

2）苗圃苗木、经济林、薪炭林按前三年平均年产值的 2 倍补偿；尚无产值的，按实际造林投资的 2 倍补偿；

3）幼龄林、新造林按实际造林投资的 2 倍补偿。

（3）安置补助费按省级人民政府有关规定执行。

4. 办理林木采伐许可证

工程开工前，持使用林地审核同意书向林业主管部门申请办理林木采伐许可证。

下阶段使用林地的工作流程如图 3-11 所示。

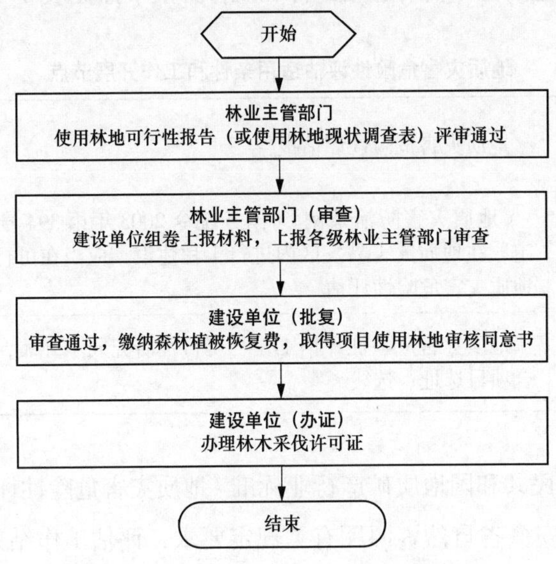

图 3-11　下阶段使用林地工作流程图

5. 该阶段使用林地的主要工作成果

（1）使用林地审查意见。

（2）使用林地审核同意书。

（3）工程开工前办理林木采伐许可证。

3.4.7　地质灾害危险性评估

输变电工程地质灾害是指包括自然因素或者人为活动引发的危害人民生命和财产安全的电气设备、电力设施的崩塌、滑坡、泥石流、地面塌陷、地裂缝、地面沉降等与地质作用有关的灾害。地质灾害危险性评估是指在查明各种致灾地质作用的性质、规模和承灾对象社会经济属性基础上，从致灾稳定性和致灾体与承灾对象遭遇的概率上分析入手，对其潜在的危险性进行客观评价，开展包括现状评估、预测评估、综合评估、建设用地适宜性及地质灾害防治措施建议等为主要内容的技术性工作。

依据《地质灾害防治条例》（国务院令 2003 年第 394 号）规定，在地质灾害易发区进行输变电工程建设，应当在可行性研究阶段进行地质灾害危险性评估。地质灾害危险性评估的适用条件和工作开展节点见表 3–11。

表 3–11　　地质灾害危险性评估适用条件和工作开展节点

地质灾害危险性评估情况	地质灾害危险性评估报告
适用条件	《地质灾害防治条例》（国务院令 2003 年第 394 号）第二十一条规定，在地质灾害易发区内进行工程建设，应当在可行性研究阶段进行地质灾害危险性评估
工作开展节点	地质灾害危险性评估工作与可行性研究同步开展，报告编制单位配合项目选址、选线

根据中华人民共和国地质矿产行业标准《地质灾害危险性评估规范》（DZ/T 0286—2015）和安徽省自然资源厅有关规定要求，评估工作结束后两年，工程建设若仍未进行，应重新进行地质灾害危险性评估工作。

3.4.7.1　依据性文件

（1）《地质灾害防治条例》（国务院令 2003 年第 394 号）；

（2）《国土资源部关于加强地质灾害危险性评估工作的通知》（国土资发〔2004〕69 号）；

（3）《关于取消地质灾害危险性评估备案制度的公告》（国土资源部公告 2014 年第 29 号）；

（4）《安徽省国土资源厅关于取消地质灾害危险性评估备案制度和组织审查的公告》（皖国土资公告〔2014〕25 号）；

（5）《地质灾害危险性评估规范》（DZ/T 0286—2015）。

3.4.7.2　工作流程

地质灾害危险性评估工作主要内容包括工程地质条件调查、地质灾害危险性评估和防治措施建议等内容，具体工作流程如下。

1.工程地质条件调查和资料收集

地质灾害危险性评估单位需对工程地质条件进行调查，调查内容主要包括地表水系、地形地貌、地质灾害、地层岩性、人类活动情况等。为保证项目顺利实施，需要设计单位及时提供相关资料：

（1）拟建工程总平面布置图、设计线路图和地形图；

（2）拟建工程可行性研究报告或设计说明书（含图纸），包括挖、填方处置情况；

（3）项目立项或可行性研究报告批复文件（或前期工作计划文件）、项目核准文件；

（4）项目工程勘察报告（含钻孔柱状图、岩土测试结果等）。

若线路调整需及时与建设单位及设计单位沟通。

2.地质灾害危险性评估

全面收集评估区及周边已有的区域地质、水文地质、工程地质、环境地质以及气象、水文、地震等基础资料后，进行地质灾害危险性评估。

3.综合研究及报告编写

在充分收集已有的资料及现场调查的基础上，对各项资料进行综合整理、分析研究。对评估区地质灾害危险性进行现状评估、预测评估和综合评估，对建设用地的适宜性进行评价并针对可能引发、加剧及遭受地质灾害的危险地段提出可行的防治措施和建议，编制地质灾害危险性评估报告。

4.专家评审

地质灾害危险性评估报告编制完成后，建设单位需组织开展专家评审；评审通过后取得评审专家组的最终审查意见和专家签字表。

地质灾害危险性评估的工作流程如图3–12所示。

3.4.7.3　主要工作成果

（1）地质灾害危险性评估报告。

（2）评审专家组的审查意见。

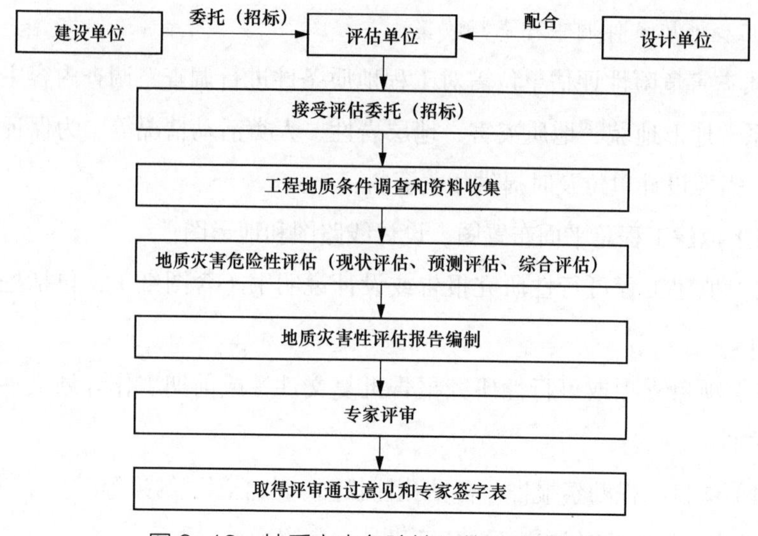

图 3-12　地质灾害危险性评估工作流程图

3.4.8　地震安全性评价

地震安全性评价是指对输变电工程场地条件和场地周围的地震活动与地震地质环境的分析，按照工程设防的风险水准，给出与工程抗震设防要求相应的地震动参数，评价场地的地震地质灾害预测结果。地震安全性评价是投资项目报建审批中涉及安全的强制性评估事项。建设单位应当在建设工程设计之前完成地震安全性评价，并按照地震安全性评价结果进行抗震设防。

依据《地震安全性评价管理条例》（国务院令 2019 年第 709 号）规定，输变电工程进行地震安全性评价的适用条件和工作开展节点见表 3-12。

表 3-12　　地震安全性评价适用条件和工作开展节点

地震安全性评价	地震安全性评价报告
适用条件	500kV 及以上输变电工程需要编制，220kV 及以下输变电工程原则上不需要编制，具体工作安排根据各地方主管单位要求开展
工作开展节点	地震安全性评价工作与可行性研究同步开展，报告编制单位配合项目选址、选线

3.4.8.1 依据性文件

（1）《中华人民共和国防震减灾法》（2008 年修订）；

（2）《地震安全性评价管理条例》（国务院令 2019 年第 709 号）；

（3）《安徽省防震减灾条例》（安徽省人大常委会公告 2012 年第 46 号）；

（4）《安徽省建设工程地震安全性评价管理办法》（安徽省人民政府令 2019 年第 291 号）。

3.4.8.2 工作流程

地震安全性评价工作的主要内容包括工程场地和场地周围区域的地震活动环境评价、地震地质环境评价、断裂活动性鉴定、地震危险性分析、设计地震动参数确定、地震地质灾害评价等，具体工作流程如下。

1. 项目委托（招标）

建设单位应当委托（招标）符合相关规定的单位或者机构进行地震安全性评价，并对地震安全性评价负总责；符合条件的建设单位也可自行开展地震安全性评价。地震安全性评价单位在接受项目委托后需到市地震局进行资质验证和工程登记，完成登记等相关手续后方可对已登记的工程项目开展地震安全性评价工作。

2. 报告编写

地震安全性评价单位对工程建设场地进行地震安全性评价后，应当编制工程建设场地的地震安全性评价报告。并送当地地震局审查备案。地震安全性评价报告应当包括下列内容：工程概况和技术要求、地震活动环境评价、地震构造评价、场地地震工程地质条件评价、设计地震动参数计算分析、地震地质灾害评价、评价结论以及其他有关技术资料。

3. 评价成果技术审查

建设单位应当将地震安全性评价报告交由第三方技术审查机构进行技术审查。第三方技术审查机构对地震安全性评价报告技术审查工作负责，承担审查责任。地震安全性评价报告通过技术审查的，技术审查机构应当向建设单位出具审查通过书面意见；未通过技术审查的，报告编制单位应当按照审查专家组的意见，修改报告或者补充工作，重新提交技术审查机构组织技术审查。

地震安全性评价的工作流程如图 3-13 所示。

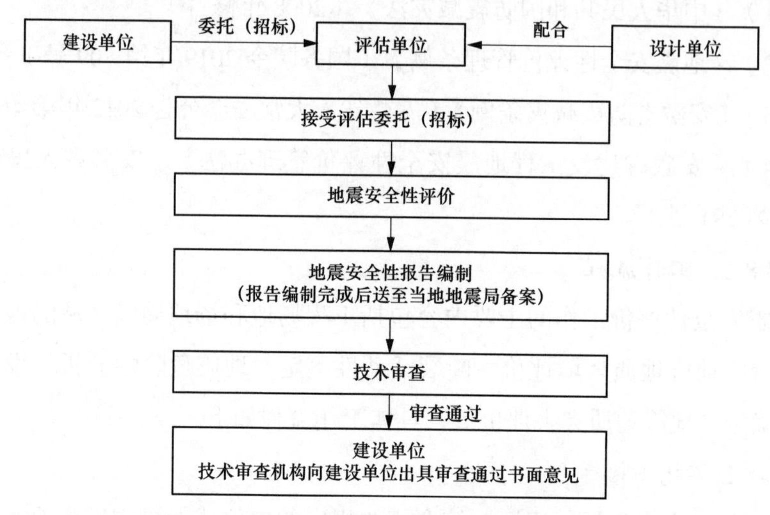

图 3-13　地震安全性评价工作流程图

3.4.8.3　主要工作成果

（1）地震安全性评价报告。

（2）技术审查机构出具的审查通过书面意见。

3.4.9　文物调查评估

依据《中华人民共和国文物保护法》和《中华人民共和国文物保护法实施条例》规定，文物保护是指对具有历史价值、文化价值、科学价值的历史遗留物采取的一系列防止其受到损坏的措施。文物保护的适用条件和工作开展节点见表 3-13。

表 3-13　　文物保护适用条件和工作开展节点

文物保护情况	文物调查评估报告
适用条件	输变电工程涉及文物保护区，根据文物保护主管部门要求，须办理文物保护相关手续，并编制文物调查评估报告（注：建设项目尽量避让文物保护区）
工作开展节点	文物调查评估与可行性研究同步开展，报告编制单位配合项目选址、选线

3.4.9.1 依据性文件

（1）《中华人民共和国文物保护法》（2017年修订）；

（2）《中华人民共和国文物保护法实施条例》（2017年修订）；

（3）《安徽省建设工程文物保护规定》（安徽省人民政府令2003年第156号）；

（4）《安徽省实施〈中华人民共和国文物保护法〉办法》（安徽省人大常委会公告2005年第53号）。

3.4.9.2 工作流程

输变电工程站址或线路路径涉及文物保护区域时，根据相关法律法规规定及文物保护主管部门要求，须进行文物调查评估工作。文物调查评估主要的工作流程如下。

1.征询意见

可行性研究报告编制单位应配合建设单位，将输变电工程站址和线路路径方案送至辖区文物保护主管部门，征询建设项目是否位于文物保护单位的保护范围和建设控制地带。建设单位根据文物保护主管部门的意见，调整变电站站址选择及路径方案以避让文物保护区；若无法避让，则需进行文物调查评估报告编制工作。

2.项目委托（招标）

输变电工程站址和线路路径方案位于文物保护区域，根据文物保护主管部门要求，在可行性研究阶段，建设单位委托（招标）具有相应资质的评估机构开展文物调查评估工作。

3.编制文物调查评估报告

建设单位和设计单位配合评估单位开展工作，评估单位根据建设单位提供的项目建设规模确定对压覆或跨越文物保护区进行调查评估并负责编制文物调查评估报告。

4.报告送审

根据文物保护管理要求，站址及路径方案确定后，评估单位完成文物调查评估报告，建设单位将文物调查评估报告报送至相应文物保护主管部门，文物保护主管部门对文物调查评估报告进行批复。

35～220kV 输变电项目文物调查评估的工作流程如图 3-14 所示。

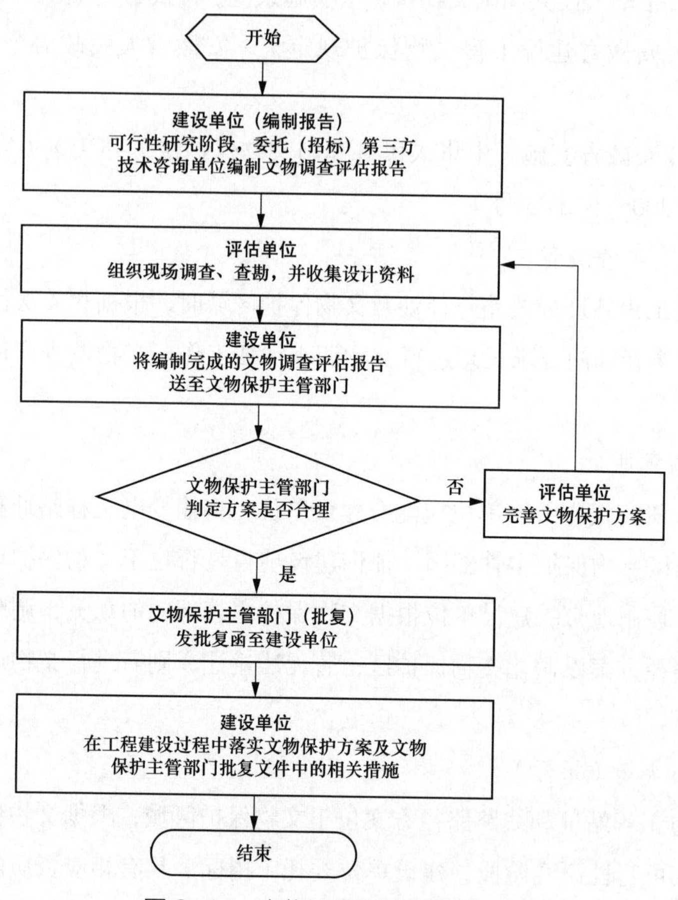

图 3-14　文物调查评估工作流程图

3.4.9.3　主要工作成果

根据文物调查评估的工作流程，完成其中的各项任务，即可得到以下工作成果：

（1）文物保护主管部门关于输变电工程站址或线路路径压覆文物情况的复函。

（2）文物调查评估报告。

（3）文物调查评估报告批复文件。

3.4.10 职业病危害预评价

为贯彻落实国家有关职业卫生的法律、法规、规章、标准和产业政策，应从源头控制和清除职业病危害，防治职业病，保护劳动者健康。

应识别、分析与评价建设项目可能产生的职业病危害因素及危害程度，确定建设项目的职业病危害类别，确定建设项目在职业病防治方面的可行性，为建设项目职业病危害分类管理提供科学依据和必要的职业病危害防护对策和建议。职业病危害预评价的适用条件和工作开展节点见表 3–14。

表 3–14 职业病危害预评价适用条件和工作开展节点

评价情况	职业病危害预评价报告
适用条件	500kV 输变电工程开展试点，逐步推广至 35 ~ 220kV 输变电工程
工作开展节点	在可行性研究阶段开展，职业病危害预评价报告内容纳入可行性研究报告

3.4.10.1 依据性文件

（1）《中华人民共和国职业病防治法》（2018 年修订）；

（2）《工作场所职业卫生监督管理规定》（安监总局令 2012 年第 47 号）；

（3）《职业病危害项目申报办法》（安监总局令 2012 年第 48 号）；

（4）《用人单位职业健康监护监督管理办法》（安监总局令 2012 年第 49 号）；

（5）《职业病危害因素分类目录》（国卫疾控发〔2015〕92 号）；

（6）《安徽省职业病防治“十三五”规划》（皖政办秘〔2017〕151 号）；

（7）《工作场所有害因素职业接触限值 第 1 部分：化学有害因素》（GBZ 2.1—2019）；

（8）《工作场所空气中有害物质监测的采样规范》（GBZ 159—2004）；

（9）《职业健康监护技术规范》（GBZ 188—2014）；

（10）《六氟化硫电气设备运行、试验及检修人员安全防护导则》（DL/T 639—2016）。

3.4.10.2　工作流程

职业病危害预评价范围主要针对项目在运行期间存在的职业病危害因素及防治内容进行评价，可采用类比法、检查表分析法相结合来进行。

1. 准备阶段

主要工作为接受建设单位委托、签订评价合同、收集和研读有关资料、进行类比调查分析、编制预评价方案并进行技术审核、确定质量控制原则及要点等。

2. 实施阶段

依据预评价方案开展评价工作。主要工作为工程分析、类比检测，并进行职业病危害因素定性、定量评价及风险评估。

3. 报告编制

职业病危害预评价报告的主要内容包括该拟建项目的职业病危害因素识别与评价、职业病防护设施分析与评价、个体防护用品分析与评价、应急救援设施分析与评价、总体布局分析与评价、生产工艺及设备布局分析与评价、建筑卫生学评价、辅助用室分析与评价、职业卫生管理分析与评价、职业卫生专项投资分析与评价。

职业病危害预评价的工作流程如图 3–15 所示。

3.4.10.3　主要工作成果

（1）职业病危害预评价报告。

（2）专家评审意见。

3.4.10.4　下一阶段工作

根据《建设项目职业病防护设施“三同时”监督管理办法》（安监总局令 2017 年第 90 号），职业病危害预评价在可行性研究阶段完成。建设单位下一阶段工作仍需要编制《建设项目职业病防护设施设计专篇》和《建设项目职业病危害控制效果评价报告》，《建设项目职业病防护设施设计专篇》在施工前编制完成，《建设项目职业病危害控制效果评价报告》在竣工后完成编制。

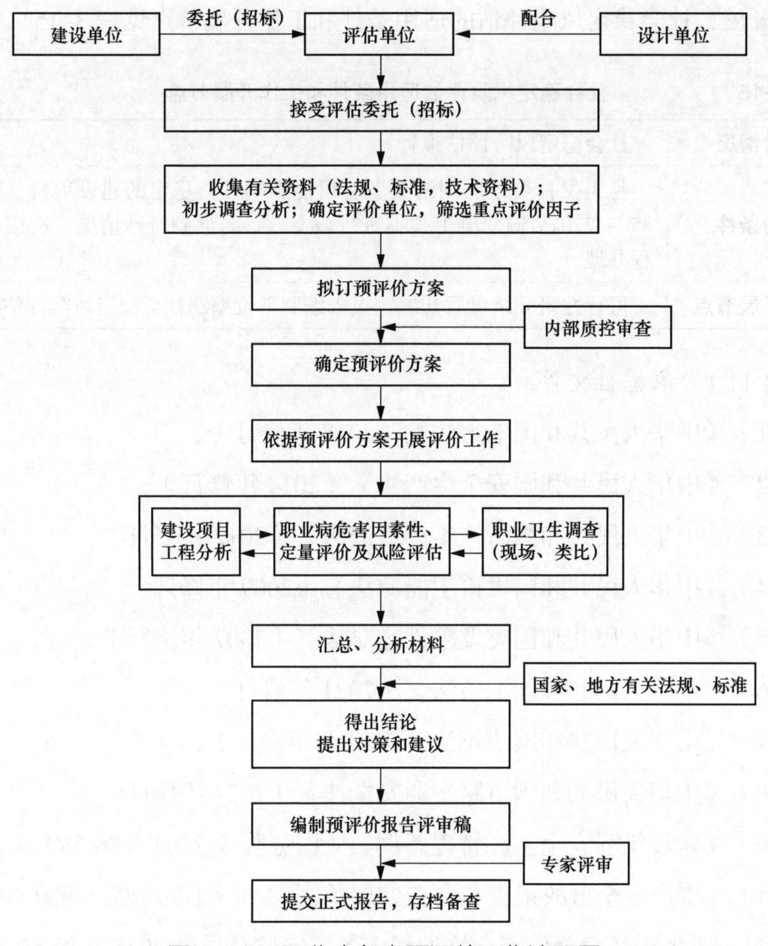

图 3-15　职业病危害预评价工作流程图

3.4.11　社会稳定风险评估

本章中的社会稳定风险评估是指建设工程对可能影响社会稳定的因素开展系统的调查、科学预测、分析和评估，制订风险应对策略和预案，以有效规避、预防、控制项目实施过程中可能产生的社会稳定风险。区别于工程前期阶段的土地征收社会稳定风险评估，二者工作均为对不稳定隐患和问题改变和调节，但是面向的事件发生情况有所不同。

建设工程的社会稳定风险评估工作为项目前期的工作内容，在可行性研究结束后开展，社会稳定风险评估的适用条件和工作开展节点见表 3-15。

表 3-15　　社会稳定风险评估适用条件和工作开展节点

评价情况	社会稳定风险评估报告
适用条件	易引发社会矛盾纠纷或者有可能影响社会稳定的建设项目，原则上 35 ~ 220kV 输变电工程不进行该专题，若遇到特殊情况，需按相关流程办理
工作开展节点	可行性研究结束后开展，报告编制单位编制社会稳定风险评估报告

3.4.11.1　依据性文件

（1）《中华人民共和国电力法》（2018 年修订）；

（2）《中华人民共和国安全生产法》（2014 年修订）；

（3）《中华人民共和国清洁生产促进法》（2012 年修订）；

（4）《中华人民共和国可再生能源法》（2009 年修订）；

（5）《中华人民共和国突发事件应对法》（2007 年施行）；

（6）《中华人民共和国消防法》（2021 年修订）；

（7）《中华人民共和国建筑法》（2019 年修订）；

（8）《中华人民共和国道路交通安全法》（2021 年修订）；

（9）《建设工程安全生产管理条例》（国务院令 2003 年第 393 号）；

（10）《生产安全事故报告和调查处理条例》（国务院令 2007 年第 493 号）；

（11）《生产经营单位安全培训规定》（安监总局令 2015 年第 80 号）；

（12）《建设项目安全设施“三同时”监督管理暂行办法》（安监总局令 2017 年第 90 号）。

3.4.11.2　工作流程

1. 制订评估方案

由项目所在地人民政府或其有关部门指定的评估主体组织对项目单位做出的社会稳定风险分析开展评估论证，对输变电工程项目制订评估方案，明确具体要求和工作目标。

2. 组织调查论证

评估主体在组织开展重大项目前期工作时，应当对社会稳定风险进行调查

分析，将拟决策事项通过公告公示、群众走访、问卷调查、座谈会、听证会等多种形式，广泛征求意见，科学论证，预测、分析可能出现的不稳定因素。

3. 确定风险等级

对社会稳定风险进行调查分析后，判断并确定风险等级。对重大事项社会稳定风险划分为 A、B、C 三个等级：人民群众反映强烈，可能引发重大群体性事件的，评估为 A 级；人民群众反映较大，可能引发一般群体性事件的，评估为 B 级；部分人民群众意见有分歧，可能引发个体矛盾纠纷的，评估为 C 级。评估为 A 级和 B 级的，评估主体要制订化解风险的工作预案。

4. 社会稳定风险评估报告编制

在充分论证评估的基础上，评估主体就评估的事项、风险的分析、评估的结论、应对的措施编制社会稳定风险评估报告；提出防范和化解风险的方案措施，从而防范、降低和消除影响社会稳定的风险。

评估报告的主要内容为项目建设实施的合法性、合理性、可行性、可控性，可能引发的社会稳定风险，各方面意见及其采纳情况，风险评估结论和对策建议，风险防范和化解措施以及应急处置预案等内容。

评估主体做出的社会稳定风险评估报告是国家发展改革委审批、核准或者核报国务院审批、核准项目的重要依据。评估报告认为项目存在高风险或者中风险的，国家发展改革委不予审批、核准和核报；存在低风险但有可靠防控措施的，国家发展改革委可以审批、核准或者核报国务院审批、核准，并应在批复文件中对有关方面提出切实落实防范、化解风险措施。

社会稳定风险评估的工作流程如图 3–16 所示。

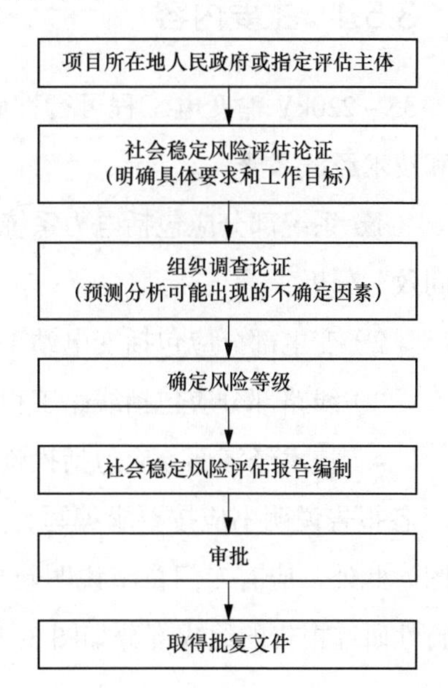

图 3–16 社会稳定风险评估工作流程图

3.4.11.3　主要工作成果

（1）形成风险识别表和社会稳定风险评估报告。

（2）社会稳定风险评估批复文件。

3.5　可行性研究报告

输变电工程可行性研究报告是在输变电工程建设之前，对该项目实施的可能性、有效性、技术方案及技术政策进行具体、深入、细致的技术论证和经济评价，以求确定一个在技术上合理、经济上合算的最优方案而写的书面报告。

可行性研究报告是确定建设项目前具有决定性意义的工作，是在投资决策之前，对拟建项目进行全面技术经济分析的科学论证，是项目建设论证、审查、决策的重要依据，也是以后筹集资金或者申请资金的一个重要依据。在编写可行性研究报告时，要注意数据方面的真实性和合理性，只有报告通过审核后，才能得到资金支持，同时也能为项目以后的发展提供重要依据。

3.5.1　主要内容

35 ~ 220kV 输变电工程可行性研究报告分为系统部分、变电部分、线路部分和技术经济部分。

（1）系统部分应包括电力系统一次、电力系统二次、节能降耗分析、“花钱问效”分析。

（2）变电部分应包括变电站工程选址、工程设想及节能降耗分析。

（3）线路部分应包括线路工程选址、工程设想及节能降耗分析。

（4）技术经济部分应包括投资估算及经济评价。

各报告说明书应按要求编写，并应有附件和附图，其他报告也应有必要的附图。此外，应有专门章节说明新技术在本工程的推广应用情况。输变电工程可行性研究报告的组成部分如图 3-17 所示。

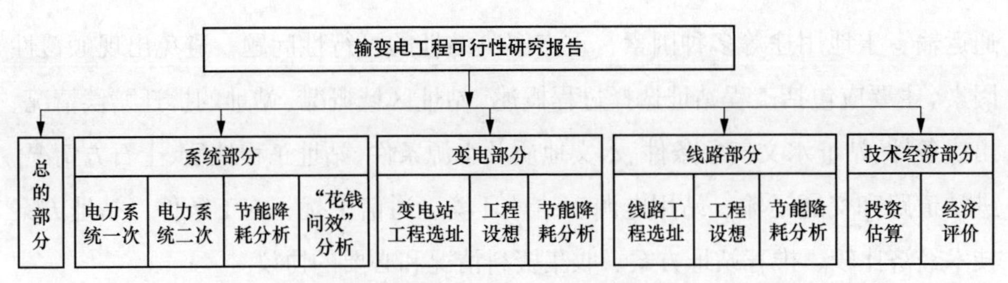

图 3-17　输变电工程可行性研究报告组成部分示意图

3.5.2　深度要求

根据《输变电工程可行性研究内容深度规定》（DL/T 5448—2012）和《220kV及110（66）kV输变电工程可行性研究内容深度规定》（Q/GDW 10270—2017），对35～220kV输变电工程可行性研究报告主要内容深度做出以下要求。

1. 总的部分

应说明设计依据、工程概况、设计水平年、主要设计原则、设计范围及配合分工等内容。

2. 电力系统一次

论证项目建设的必要性，对建设方案进行技术、经济、节能等综合比较，提出推荐方案，确定合理的工程规模和投产年限。进行必要的电气计算，对有关的电气设备参数提出要求。主要应说明电力系统概况，论证工程建设必要性、接入系统方案、电气计算、无功补偿平衡及调相调压计算、线路型式及导线截面选择、主变压器选择、无功补偿容量、电气主接线、结论与建议等。

3. 电力系统二次

设计应根据保护、自动化、通信等新技术的发展，积极采用先进适用技术，并有效实现各应用系统的衔接与整合。主要应包括系统继电保护、安全稳定控制装置、调度自动化、电能计量装置及电能量远方终端、调度数据通信网络接入设备、二次系统安全防护、系统通信、电力系统二次系统结论及建议等。

4. 变电站站址选择

应结合系统论证进行工程选站工作。应充分考虑站用水源、站用电源、交通运输、土地用途等多种因素，重点解决站址的可行性问题，避免出现颠覆性因素。主要应包括工程站址选择过程概述、站址区域概况、站址的拆迁赔偿情况、出线条件、站址水文气象条件、水文地质及水源条件、站址工程地质、土石方情况、进站道路和交通运输、站用电源、站址环境、通信干扰、施工条件、站址方案技术经济比较、推荐站址方案、收集资料情况和必要的协议。

5. 变电站工程设想

变电站工程设想主要应包括电网概况、电气主接线及主要电气设备选择、电气布置、电气二次、站区总体规划和总布置、建筑规模及结构设想、供排水系统、采暖、通风和空气调节系统、火灾探测报警与消防系统等。

6. 送电线路路径选择

送电线路路径选择应重点解决线路路径的可行性问题，避免出现颠覆性因素。宜选择 2～3 个可行的线路路径，并提出推荐路径方案。明确线路进出线位置、方向，与已有和拟建线路的相互关系，重点了解与现有线路的交叉关系。要注重各方案对电信线路和无线电台站的影响分析；林木砍伐和拆迁简要情况及对环境影响的初步分析；对跨越树木的宜取得林业部门关于树高的证明，对跨越苗圃、经济林的应取得赔付标准依据文件；对比选方案进行技术经济比较，说明各方案路径长度、地形比例、曲折系数、房屋拆迁量、节能降耗效益等技术条件、主要材料耗量、投资差额等，并列表进行比较后提出推荐方案。

7. 送电工程设想

送电工程设想主要应论述推荐路径方案主要设计气象条件、线路导地线型式、绝缘配置、线路主要杆塔和基础型式等。

8. 节能、环保、抗灾措施分析

节能分析主要应包括降低系统供电损耗，可节约电量等系统节能分析、变电设备选用低损耗情况等变电节能分析及线路采用节能金具等线路节能分析，并提出相应的环保措施及抗灾措施。

9. 投资估算及经济评价

投资估算应包括但不限于以下内容：工程规模的简述、估算编制说明、估

算造价分析、总估算表、专业汇总估算表、单位工程估算表、其他费用计算表、建设场地征用及清理费用估算表、编制年价差计算表、调试费计算表、建设期贷款利息计算表及勘测设计费计算表等。

10."花钱问效"

"花钱问效"是实现对电网项目可行性研究阶段效率效益量化评价，包括项目预期目标及效益指标两个方面。其中，项目预期目标为项目投产后三年内预期可达到的运行效益目标，并作为项目必要性及后评价等的重要依据；项目效益指标为项目投产后三年内可实现的经济及社会效益，并作为项目必要性及建设时序论证的参考依据。35~220kV 输变电工程可行性研究报告中应结合项目必要性，从提升供电能力、消除安全隐患、满足接入需求、改善服务水平中选择 1~4 个方面指标开展评价，明确边界条件，量化预期目标及效益指标。

3.5.3 评审及批复

3.5.3.1 工作流程

1.110~220kV 电网项目

（1）根据前期工作计划，各市公司发展部开展可行性研究委托工作。

（2）110~220kV 常规电网项目可行性研究报告编制工作完成后，各市公司发展部委托评审单位组织召开评审会并出具评审意见。110~220kV 特殊电网项目，由国网经研院组织召开评审会并出具评审意见；需国网公司总部批复可行性研究报告的特殊电网项目，由国网公司发展部会同国网经研院就重大技术原则、工程设计方案等进行沟通后，国网经研院组织召开评审会并出具评审意见。

（3）国网公司发展部批复限额以上的 110~220kV（半）地下变电站、限额以上的城市综合管廊费用纳入电网投资的项目可行性研究报告；省公司批复除国网公司发展部批复之外的 110~220kV 其他电网项目、独立二次项目可行性研究报告。

2.35kV 电网项目

（1）根据前期工作计划，各县公司发展建设部开展可行性研究委托工作。

（2）可行性研究报告编制工作完成后，35kV 常规电网项目，由市经研所组织召开可行性研究报告评审会并出具评审意见。35kV 特殊电网项目，由省经研院组织召开评审会并出具评审意见。

（3）省公司负责批复 35kV 特殊电网项目可行性研究报告；市公司负责批复 35kV 常规电网项目可行性研究报告。

3.5.3.2　可行性研究报告内审

在正式可行性研究报告评审前，建设单位需进行可行性研究报告内审工作。110 ~ 220kV 特殊电网项目由省公司组织可行性研究报告内审；110 ~ 220kV 常规电网项目、35kV 特殊电网项目由市公司组织可行性研究报告内审；35kV 常规电网项目由区县公司组织可行性研究报告内审。可行性研究报告内审通常由发展部门组织，建设、运检、信通、调度等部门参加。由可行性研究报告编制单位对可行性研究报告做汇报，参会各部门分别对可行性研究报告里各专业内容提出相应专业意见，最终形成可行性研究报告内审意见（纪要）。

3.5.3.3　可行性研究报告评审

建设单位将可行性研究报告以及可行性研究报告内（预）审意见报送至评审单位，评审单位组织可行性研究报告评审。其中，国网经研院评审 110 ~ 220kV 特殊电网项目并出具相应的评审意见；省经研院负责评审 110 ~ 220kV 常规电网项目、35kV 特殊电网项目及独立二次项目并出具相应的评审意见；市经研所负责评审 35kV 常规电网项目并出具相应的评审意见。可行性研究报告评审意见的主要内容包括项目总体概况、建设的必要性、接入系统方案、工程规模、系统二次部分、变电工程、线路工程、节能措施分析、投资估算等。

3.5.3.4　可行性研究报告批复

待取得可行性研究报告评审意见之后，国网公司发展部负责批复限额以上的 110 ~ 220kV（半）地下变电站、限额以上的城市综合管廊费用纳入电网投资项目可行性研究报告；省公司负责批复 110 ~ 220kV 项目、35kV 特殊项目、独

立二次项目可行性研究报告；市公司负责批复35kV常规电网项目可行性研究报告。可行性研究报告批复文件的主要内容包括项目概况、项目建设必要性、项目建设规模、项目建设方案以及投资估算。

未经批复可行性研究报告的项目，不得上报核准请示。省公司批复的110~220kV项目、独立二次项目可行性研究报告，批复文件抄送国网公司发展部备案。

3.6 土地手续办理

土地手续办理在项目前期和工程前期都有相应的工作。在项目前期阶段，办理调整站址所在位置的规划、获取土地利用的同意函件以及办理用地预审及选址意见书的合并证件。在工程前期阶段，需要办理建设用地规划许可和用地批准合并证件，为工程顺利建设开展提供支撑。

本节土地利用的同意函件和用地预审及选址意见书为项目前期阶段必须办理的手续。土地转征等手续为项目前期之后的工作，相关办理流程仅供参考。实际办理要求根据当地主管部门的政策执行。

3.6.1 站址土地规划调整办理流程及说明

站址选择时，应尽量利用荒地、劣地，不占或少占耕地、林地和经济效益高的土地。当变电站选址位置不符合当前的土地利用总体规划，经技术经济比较后得出适合电网未来建设发展时，建设单位应与当地规划部门沟通，经规划部门同意后，在用地预审前进行站址用地土地规划调整，将拟选站址位置变更为建设用地、市政设施用地或供电用地。

根据《中华人民共和国土地管理法》（2019年修订）规定，由建设单位提出规划修编申请，设计单位配合提供相关材料。同时，变电站的总体规划应与当地的土地规划、城镇规划、工业区规划、自然保护区等规划相协调。站址及线路土地规划调整办理流程如图3-18所示。

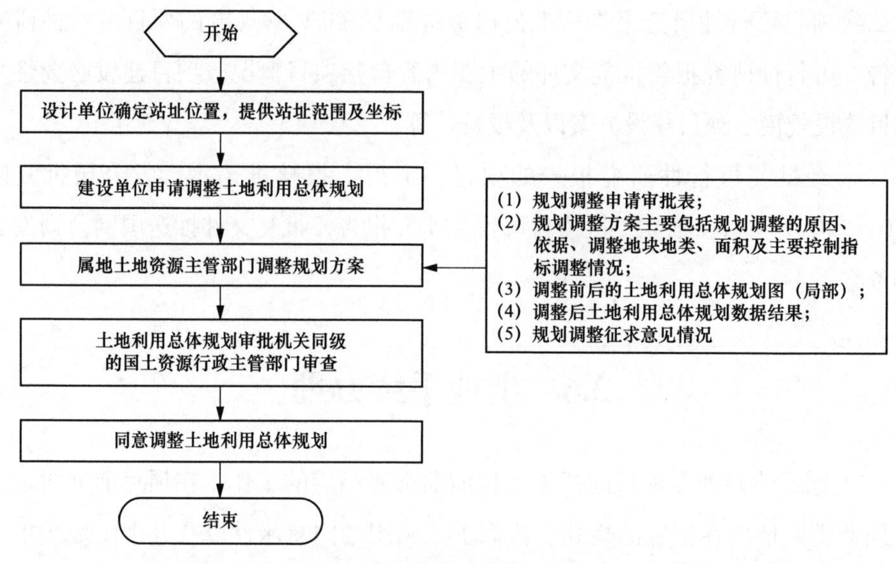

图 3-18　站址及线路土地规划调整办理流程图

3.6.2　站址土地规划办理流程及说明

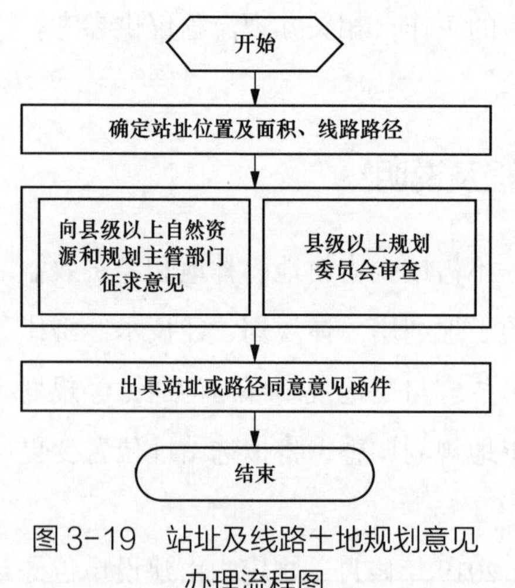

图 3-19　站址及线路土地规划意见办理流程图

经过选址工作选出的最终推荐站址，且土地性质符合土地利用规划时，可正常按流程办理土地规划，即应将该站址相关技术指标发函各行政主管单位，取得县级以上自然资源和规划主管部门关于站址及线路的规划意见，同时取得乡、镇人民政府意见和方案同意函件。此项工作应在可行性研究报告评审前由可行性研究报告编制单位配合建设单位完成。站址及线路土地规划意见办理流程如图 3-19 所示。

3.6.3　用地预审及选址意见书办理流程及说明

变电站选址根据原政策需分别办理用地预审和选址意见书，为进一步贯彻落实“放管服”改革，依据《自然资源部关于以“多规合一”为基础推进规划

用地“多审合一、多证合一”改革的通知》（自然资规〔2019〕2号），政府部门推进规划用地“多审合一、多证合一”的改革。电网项目前期工作的开展也应根据当地政策调整，现用地预审及选址意见书政策变更情况说明如下。

1.合并用地预审和选址意见书

将建设项目选址意见书、建设项目用地预审意见合并，自然资源主管部门统一核发建设项目用地预审与选址意见书,不再单独核发建设项目选址意见书、建设项目用地预审意见。

涉及新增建设用地，用地预审权限在自然资源部的，建设单位向地方自然资源主管部门提出用地预审与选址申请，由地方自然资源主管部门受理；经省级自然资源主管部门报自然资源部通过用地预审后，地方自然资源主管部门向建设单位核发建设项目用地预审与选址意见书。用地预审权限在省级以下自然资源主管部门的，由省级自然资源主管部门确定建设项目用地预审与选址意见书办理的层级和权限。35～220kV电网项目均在各地市级自然资源主管部门办理。

电网项目扩建时，不再办理用地预审。

建设项目用地预审与选址意见书有效期为三年，自批准之日起计算。

2.精简审批流程

建设项目用地预审、建设项目选址意见书合并办理后，项目申请单位只需向自然资源和规划部门统一办理，由主办处室统一受理办结、相关审查处（局）并联办理，提升审批效率。事项办理时限从法定的40个工作日缩短为原则上不超过15个工作日，加快了办理速度。

合并办理后，事项申报材料从原有15项申报材料，简化为13项，包括7项必备件和6项选报件。

（1）必备件7项：

1）建设项目用地预审与选址意见书申请表；

2）自然资源主管部门初审意见；

3）建设项目用地预审与选址意见书申请报告；

4）项目建设依据（核准类项目拟报批的项目申请报告及核准部门支持性文件、备案信息、建设项目列入相关规划或者产业政策的文件）；

5）项目用地边界拐点坐标表（2000 国家大地坐标系）；

6）土地权属地类面积汇总表；

7）相关图件［标注项目用地范围的土地利用总体规划图、土地利用现状图及其他相关图件，标注项目用地范围的城市（乡）总体规划用地布局图（或相关专项规划），标明建设项目拟选位置的地形图（2000 国家大地坐标系）］。

（2）选报件 6 项：

1）划定矿区的批复文号及范围（涉及矿山项目需要提供）；

2）土地利用总体规划修改方案暨永久基本农田补划方案和现场踏勘论证意见（符合占用永久基本农田条件且涉及占用永久基本农田的建设项目需要提供）；

3）节地评价报告及评审论证意见（涉及用地预审的建设项目需要提供）；

4）选址论证报告［使用拟选址用地对城市安全、周边环境等可能产生不利影响的建设项目（如 500kV 及以上输变电工程，跨区域的输油、输气管线工程等）需要提供］；

5）省政府出具的占用生态保护红线不可避让论证意见（涉及占用国务院公布的生态保护红线的建设项目需要提供）；

6）涉及占用自然保护区的，由林业草原主管部门出具意见。

3. 合并后办理层级和权限

建设项目用地预审与选址意见书核发按照建设项目审批权限实行分级管理，与建设项目核准权限相对应。省级以上政府及投资主管部门核准的建设项目，由省自然资源厅核发建设项目用地预审与选址意见书。市、县投资主管部门或行政审批部门核准的项目，由同级自然资源主管部门核发建设项目用地预审与选址意见书。

输变电工程项目为能源类基础设施建设项目，建设单位填写建设项目用地预审与选址意见书申请表相应内容，按《建设项目用地预审与选址意见书申请材料目录》提供相应申报材料，由自然资源主管部门对用地预审或规划选址进行审查，核发建设项目用地预审与选址意见书。此项工作应在工程核准前完成，建设单位作为工作主体，设计单位协助配合。

选址意见书及用地预审办理流程如图 3-20 所示。

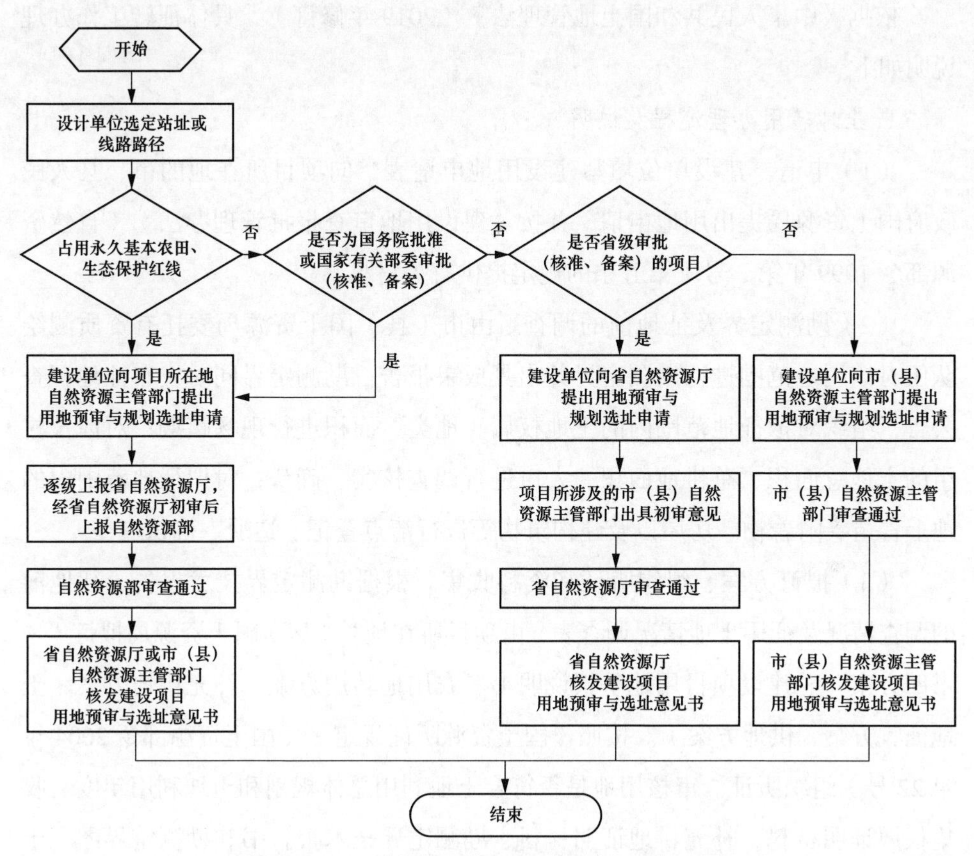

图 3-20　选址意见书及用地预审办理流程图

3.6.4　土地转征办理流程及说明

变电站布点一般较分散，选址除了建设用地区域，也可能选择其他性质的土地。当选择的站址为农用地性质时，依据法律规定的程序和批准权限批准，并依法给予农村集体经济组织及农民补偿后，将农民集体所有土地使用权收归国有，可用作变电站的建设用地。一般土地转征分为转用和征用两种：转用指的是农用地和未利用地转为建设用地；征用指的是土地征收，将集体土地转变为国有土地。根据《自然资源部关于做好占用永久基本农田重大建设项目用地预审的通知》（自然资规〔2018〕3 号），35～220kV 电网项目不得占用永久基本农田。

依据《中华人民共和国土地管理法》（2019 年修订），具体征转工作办理说明如下。

1. 土地转用办理流程及说明

（1）申请。建设单位填写建设用地申请表，向项目所在地的市、县人民政府国土资源局提出用地申请，并按《建设用地审查报批管理办法》（自然资源部令 1999 年第 3 号）第五条的规定提供有关材料。

（2）勘测定界及征地前的调查。由市（县）国土资源局委托有资质测绘队伍对该用地范围进行勘测定界并出具成果报告。勘测定界同时发布征地调查公告，组织对拟征地范围内的土地权属、地类、面积进行现场踏勘；对涉及村组的土地总面积、总耕地面积、人口进行调查核实、确认；对拟征地范围内的地上青苗、附着物、房屋以及建构筑物等进行清点登记、造册、确认。

（3）拟订方案、组织听证和资料收集。根据勘测定界技术报告、征地前的调查情况及征用土地情况调查表，由项目所在地县（区）国土资源局拟订"一书四方案"（建设项目用地呈报说明书、农用地转用方案、补充耕地方案、土地征收方案、供地方案）。按照《国土资源听证规定》（国土资源部令 2004 年第 22 号）组织听证。审核用地是否符合土地利用总体规划和土地利用年度。收集权属证明材料、补充耕地证明材料、勘测定界技术报告书和勘测定界图、土地利用现状审查图、规划审查图以及建设用地单位提供建设项目用地预审、项目立项、定点、地灾评估等资料。

（4）审查、审批、发文、备案。由市县（区）国土资源局对建设项目用地呈报说明书、"一书四方案"及相关材料，按照《建设用地审查报批管理办法》（自然资源部令 1999 年第 3 号）第 13 ~ 15 条规定进行审查，对材料齐全、符合条件的出具审查报告，报经同级人民政府审核同意后，逐级上报有批准权的人民政府批准。

农用地转用办理流程如图 3–21 所示。

2. 土地征用办理流程及说明

（1）拟订征用土地方案。征用土地方案由拟征用土地所在地县、市人民

政府或其土地行政主管部门拟订。其中，征用城镇土地利用总体规划确定的城市建设用地区内统一规划、统一开发的土地，由县、市人民政府根据土地利用计划和对建设用地的需求情况拟订；城市建设用地区外能源、交通、水利、军事设施等按建设项目实施征地的，由县、市人民政府土地行政主管部门根据建设单位或建设主管部门的建设用地申请拟订。征用土地方案，包括征用土地的目的及用途，征用土地的范围、地类、面积、地上附着物的种类及数量，征用土地及地上附着物和青苗的补偿，劳动力安置途径，原土地的所有权人及使用权人情况等。

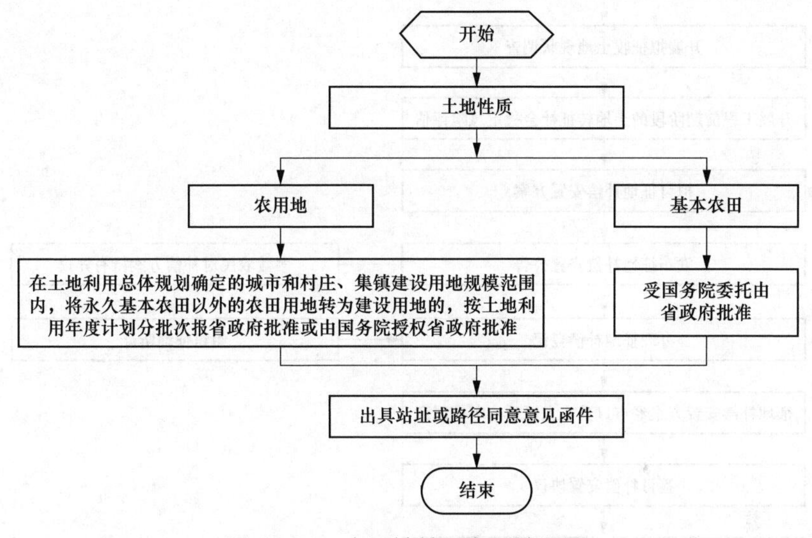

图 3-21　农用地转用办理流程图

（2）审查报批。征用土地方案拟订后，由县、市人民政府按照《中华人民共和国土地管理法》（2019 年修订）规定的批准权限，经土地行政主管部门审查后，报人民政府批准。其中，征用农用地，农用地转用批准权属国务院的，国务院批准农用地转用时批准征用土地；农用地转用和征用批准权属于省级人民政府的，省级人民政府同时批准农用地转用和征用土地；农用地转用批准权属于省级人民政府，而征用土地审批权属于国务院的，先办理农用地转用审批，后报国务院批准征用土地。

（3）征用土地方案公告。征用土地依法定程序批准后，由县级以上人民政府在当地予以公告。被征用土地的所有权人和使用权人应当在公告规定期限内，持土地权属证书到当地人民政府土地行政主管部门办理征地补偿登记。

农用地征用办理流程如图 3-22 所示。

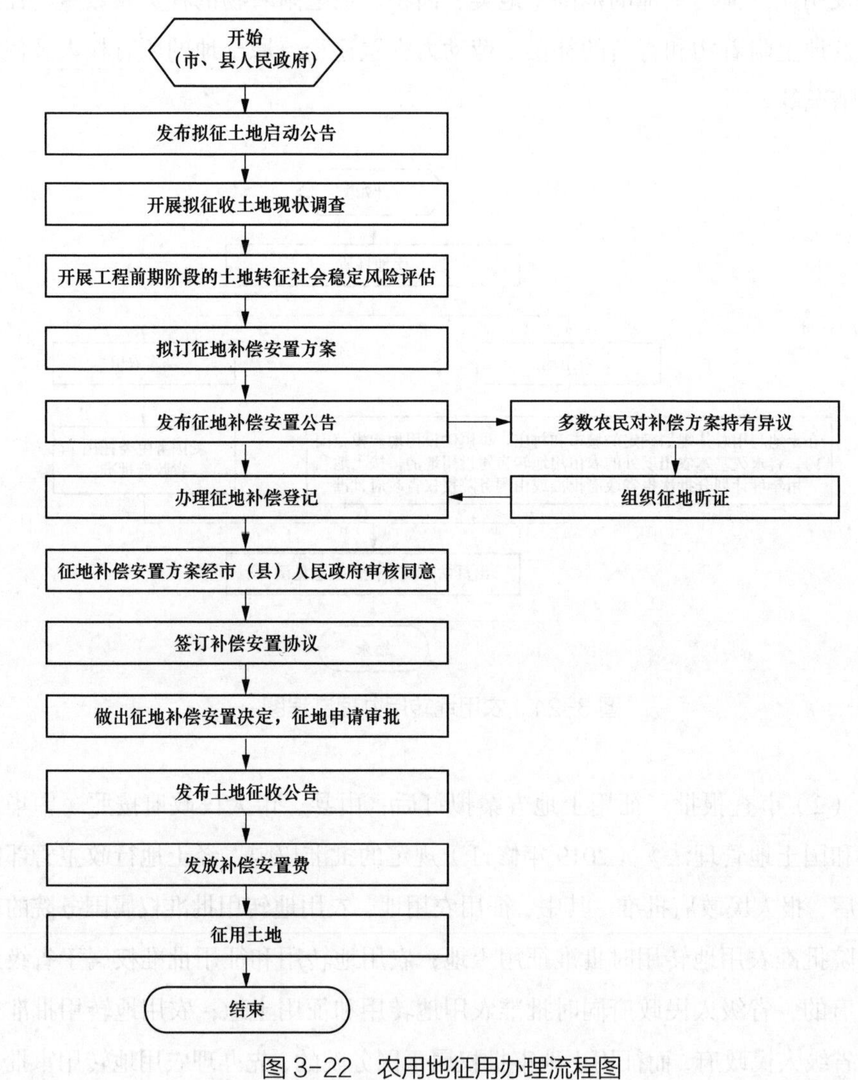

图 3-22　农用地征用办理流程图

3.7 项目核准制度

投资建设项目须按照国家、省和市有关规定报送项目核准机关核准。项目核准是为了符合国民经济和社会发展规划、行业规划、城市总体规划、产业政策和行业准入标准、土地利用总体规划。

项目前期核准报告所需要的支撑性文件，主要包括用地预审、选址意见书、行政主管部门出具的审批意见等，书面材料均在选址、选线阶段取得。

依据《国务院关于投资体制改革的决定》（国发〔2004〕20号）和《企业投资项目核准和备案管理办法》（国家发展改革委令2017年第2号），企业投资项目核准制是指对于企业不使用政府投资建设、对关系国家安全、涉及全国重大生产力布局、战略性资源开发和重大公共利益等项目，政府仅对重大项目和限制类项目从维护社会公共利益角度进行核准管理。输变电工程为国网公司利用自有资金投资建设的电网基建类项目，按照规定应办理项目核准。

3.7.1 电网项目核准的范围及机构

根据《国务院关于发布政府核准的投资项目目录（2016年本）的通知》（国发〔2016〕72号）及《政府核准的投资项目目录（2016年本）》（国发〔2016〕72号），电网项目核准的范围为：涉及跨境、跨省（区、市）输电的±500kV及以上直流项目，涉及跨境、跨省（区、市）输电的500、750、1000kV交流项目，由国务院投资主管部门核准，其中±800kV及以上直流项目和1000kV交流项目报国务院备案；不涉及跨境、跨省（区、市）输电的±500kV及以上直流项目和500、750、1000kV交流项目由省级政府按照国家制定的相关规划核准，其余项目由地方政府按照国家制定的相关规划核准。

3.7.2 项目核准的基本程序

1. 核准申报机构

《企业投资项目核准和备案管理办法》（国家发展改革委令2017年第2号）规定：“地方企业投资建设应当分别由国务院投资主管部门、国务院行业管理部门核准的项目，可以分别通过项目所在地省级政府投资主管部门、行业管理部门向国务院投资主管部门、国务院行业管理部门转送项目申请报告。属于国务院投资主管部门核准权限的项目，项目所在地省级政府规定由省级政府行业管理部门转送的，可以由省级政府投资主管部门与其联合报送。”

35 ~ 220kV 输变电工程属于企业投资建设应当由地方政府核准的项目，应当按照地方政府的有关规定，向相应的项目核准机关报送项目申请报告。

2. 在线办理

电网项目核准通过全国投资项目在线审批监管平台（简称在线平台）实行网上受理、办理、监管和服务，实现核准过程和结果的可查询、可监督。

项目核准机关以及其他有关部门统一使用在线平台生成的项目代码办理相关手续。项目通过在线平台申报时，生成作为该项目整个建设周期身份标识的唯一项目代码。项目的审批信息、监管（处罚）信息，以及工程实施过程中的重要信息，统一汇集至项目代码，并与社会信用体系对接，作为后续监管的基础条件。

3. 核准受理

建设单位准备材料报送核准机关，项目核准机关在收到电网项目申报材料后，材料齐全、符合法定形式的应当予以受理；申报材料不齐全或者不符合法定形式的，项目核准机关应当在收到项目申报材料之日起 5 个工作日内一次告知项目申报单位补充相关文件，或对相关内容进行调整，逾期不告知的，自收到项目申报材料之日起即为受理。

4. 核准评估

项目核准机关在正式受理项目申请报告后，需要评估的，应在 4 个工作日内按照有关规定委托具有相应资质的工程咨询机构进行评估。项目核准机关在委托评估时，应当根据项目具体情况，提出评估重点，明确评估时限。

工程咨询机构与编制项目申请报告的工程咨询机构为同一单位、存在控股、管理关系或者负责人为同一人的，该工程咨询机构不得承担该项目的评估工作。工程咨询机构与项目单位存在控股、管理关系或者负责人为同一人的，该工程咨询机构不得承担该项目单位的项目评估工作。

除项目情况复杂的，评估时限不得超过 30 个工作日。接受委托的工程咨询机构应当在项目核准机关规定的时间内提出评估报告，并对评估结论承担责任。项目情况复杂的，履行批准程序后，可以延长评估时限，但延长的期限不得超过 60 个工作日。

项目核准机关应当将项目评估报告与核准文件一并存档备查。

评估费用由委托评估的项目核准机关承担，评估机构及其工作人员不得收取项目单位的任何费用。

5. 公众意见及专家评议

项目建设可能对公众利益构成重大影响的，项目核准机关在做出核准决定前，应当采取适当方式征求公众意见。

相关部门对直接涉及群众切身利益的用地（用海）、环境影响、移民安置、社会稳定风险等事项已经进行实质性审查并出具了相关审批文件的，项目核准机关可不再就相关内容重复征求公众意见。

对于特别重大的项目，可以实行专家评议制度。除项目情况特别复杂外，专家评议时限原则上不得超过 30 个工作日。

项目核准机关可以根据评估意见、部门意见和公众意见等，要求项目单位对相关内容进行调整，或者对有关情况和文件做进一步澄清、补充。项目建设单位配合核准机关完成调整及答复工作。

6. 核准结论及期限

项目违反相关法律法规，或者不符合发展规划、产业政策和市场准入标准要求的，项目核准机关可以不经过委托评估、征求意见等程序，直接做出不予核准的决定。

项目核准机关应当在正式受理申报材料后 20 个工作日内做出是否予以核准的决定，或向上级项目核准机关提出审核意见。项目情况复杂或者需要征求有关单位意见的，经行政机关主要负责人批准，可以延长核准时限，但延长的时限不得超过 40 个工作日，并应当将延长期限的理由告知项目单位。

项目核准机关需要委托评估或进行专家评议的，所需时间不计算在前款规定的期限内。项目核准机关应当将咨询评估或专家评议所需时间书面告知项目单位。

项目符合核准条件的，项目核准机关应当对项目予以核准并向项目单位出具项目核准文件。项目不符合核准条件的，项目核准机关应当出具不予核准的书面通知，并说明不予核准的理由。

属于国务院核准权限的项目，由国务院投资主管部门根据国务院的决定向项目单位出具项目核准文件或者不予核准的书面通知。

项目核准机关出具项目核准文件或者不予核准的书面通知，应当抄送同级行业管理、城乡规划、国土资源、水行政管理、环境保护、节能审查等相关部门和下级机关。

4 项目前期工作创新实践

本章将系统全面地梳理和总结 35 ~ 220kV 输变电项目前期工作的主要工作思路、工作内容、工作流程、工作界面和工作方法，并结合安徽省多年的电网项目前期工作经验，创新性地提出专题评估工作前置、生态红线论证和电网项目精确分级分类。在电网项目前期实际工作中，相关内容具有很强的指导性和实际应用价值，可供其他省市参考。

4.1 专题评估工作前置

专题评估工作前置开展，即专题评估与可行性研究同步开展，专题评估单位配合可行性研究报告编制单位参与项目的选址选线。可行性研究报告编制单位将初步拟订的变电站站址及线路路径提供给专题评估单位，专题评估单位排查变电站站址及输电线路沿线的敏感点，深入识别影响方案和造价的因素（如收集线路沿线的生态保护区设置，生态保护红线范围，矿产资源分布、林地等级、潜在的地质灾害、文物分布、规划的水利设施等），并将所收集的资料提供给可行性研究报告编制单位，可行性研究报告编制单位据此调整和优化选址、选线成果。

专题评估工作前置开展可以提前识别影响工程建设的因素，能够有效避免后期站址变更、路径调整等问题，大幅降低选址、选线的不确定性，使选址、选线工作更加科学，为工程后期顺利实施提供有力支撑。另外，专题评估可以为一些大额的赔偿费用（如压矿赔偿、使用林地赔偿等）费用计列提供充足的依据，使投资更为精准。

4.2 开展生态红线论证

安徽省人民政府发布施行《安徽省生态保护红线》（2018 年施行）后，省内一系列关于生态保护红线的文件、办法相应出台，对生态保护红线实行了严格管控。输变电工程项目涉及生态保护红线的项目前期工作遇到了前所未有的阻力，大批项目前期工作停滞不前。面临省内生态保护红线管控只增不减的形势，省公司、市公司积极与自然资源主管部门沟通，共同寻求解决办法。在全省项目前期工作人员的共同不懈努力下，根据安徽省政府重要批示精神，在省政府办公厅指导下拟订了《省重大建设项目不可避让生态保护红线论证建议审查决策工作程序》，为省内输变电工程出现不可避让生态保护红线情况时提供了处理流程和解决办法，使输变电工程项目前期工作摆脱了因涉及生态保护红线无法开展的困境。

4.3 电网项目精确分级分类

企业投资项目核准和备案工作一直缺乏一部统一的效力层级较高的立法，因电网项目电压等级、工程规模种类较多，办理核准、备案工作时对接政府部门较多，且手续繁杂，存在一些不确定因素。为了规范政府对企业投资项目的核准和备案行为，国家发布了《企业投资项目核准和备案管理条例》（国务院令 2016 年第 673 号）和《政府核准的投资项目目录（2016 年本）》（国发〔2016〕72 号）。

安徽省能源局积极响应转变政府投资管理职能、巩固企业投资主体地位的改革方向，创新发布了《关于做好电网项目分级分类管理工作的通知》（皖能源电力函〔2020〕133 号），明确了企业投资项目审批、核准、备案的界限，对国网公司投资项目的核准工作范围、基本程序、监督检查和法律责任做出了统一制度安排。针对安徽省内电网建设情况，该通知文件明确了不同的投资对象、电压等级情况时，对应工程的办理程序，能够简化审批流程、提高审批速度，精确分级分类管理电网项目。电网前期工作从事人员可以根据该通知文件中明确的分级分类管理办法，开展项目相应的核准工作。

附录A　协议模板

本附录协议模板中回复函内容为建设单位与设计单位关注的要点，可作为建设单位征询函件的内容参考。（注：所有协议模板仅供参考，其中各单位具体名称需按照各地市规定执行）

A1　征求意见函示例

××单位

（××〔20××〕××号）

关于××110kV输变电工程收集资料及征求意见的函

（征求意见单位名称）：

为满足××用电需求，改善××电网网架结构，缓解供电矛盾，省电力公司已批准建设××输变电工程，我××公司已开展该工程的可行性研究工作，为使该工程的设计、建设能够顺利进行，请检查变电站站址及线路与贵单位所辖地区现有及规划的地上、地下设施是否存在相互影响，对变电站站址及线路路径提出意见或建议。请贵单位给予大力支持，尽快给予书面答复为感。

地址：

邮编：

电话：

传真：

××单位（章）

年　月　日

A2 协议复函文件示例

（1）人民政府复函示例。

关于 ××110kV 输变电工程变电站站址及线路路径征求意见的复函

×××：

你单位《关于 ××110kV 输变电工程变电站站址及线路路径收集资料及征求意见的函》（××〔20××〕×× 号）收悉。

该线路路径在我市（区、县）境内经过 ×××× 等地。

经审阅，原则同意上述线路路径。其中所涉及的土地征用、青苗赔偿、房屋拆迁、林木砍伐等问题，在线路施工时按国家有关规定进行赔偿和办理有关手续。请各单位给予大力支持。

×× 人民政府（章）

年 月 日

（2）其他行政主管部门协议复函示例。

1）一般复函示例。

关于 ××110kV 输变电工程变电站站址及线路路径征求意见的复函

（用于各局、乡镇）

××：

你单位《关于 ××110kV 输变电工程变电站站址及线路路径征求意见的函》（××〔20××〕×× 号）收悉。

该线路路径在我市（区、县）境内经过 ×× 等地。

经审阅，原则同意上述线路路径。

（章）

年　月　日

2）×× 自然资源和规划局复函示例。

关于 ××110kV 输变电工程变电站站址及线路路径有关情况的函

×× 公司：

你单位报来的贵公司《关于征询 ××110kV 输变电工程变电站站址和线路路径意见的函》（××〔20××〕×× 号）收悉。经套合生态保护红线、永久基本农田、矿产地及《×× 土地利用总体规划》等，现将有关情况说明如下：

一、规划情况

该线路位于《×× 土地利用总体规划》确定的 ×× 区域，××。

二、占用 ×× 市、县永久基本农田情况

该线路穿过 ×× 永久基本农田保护区，×× 站址不占用永久基本农田，可按相关要求办理项目用地预审手续。

三、占用 ×× 市、县生态保护红线情况

该线路穿越生态保护红线，×× 站址不占用生态保护红线。根据生态保护红线评估调整临时管控规则，如果该工程项目已列入国务院文件、国家级规划中明确的线性基础设施，国务院投资主管部门批准或同意的线性基础设施，省人民政府确定必须修建的线性基础设施，可以由省级人民政府出具审核论证意见后进行土地预审，报批建设用地。

四、压覆矿产地情况

该工程压覆 ×× 矿（许可证号：××）采矿权，×× 金属矿详查（许可证号：××）探矿权项目。建设项目涉及压覆重要矿产资源的，建设单位要与矿业权人就压矿补偿问题进行协商，做好压矿补偿工作的前提下，可办理用地审查报批手续。

×× 自然资源和规划局（章）

年　月　日

关于 ××110kV 输变电工程变电站站址及线路路径审查意见的函

××公司：

贵公司来函《关于征询 ××110kV 输变电工程变电站站址及线路路径意见的函》（××〔20××〕××号）及其附件收悉。根据提供的站址和线路路径图，经研究现回复如下：

附件 1：×× 输变电工程线路路径图

附件 2：×× 变电站站址规划图

×× 自然资源和规划局（章）

年　月　日

3）×× 公路管理局复函示例。

×× 公司关于征询 ××110kV 输变电工程变电站站址及线路路径意见的复函

×× 公司：

贵公司《×× 公司关于征询 ××110kV 输变电工程变电站站址和线路路径意见的函》（××〔20××〕×× 号）已收悉，为支持 ××110kV 变电站及线路工程建设，现函复如下：

一、原则同意 ×× 变电站及线路工程跨越及穿越 ×× 道路。设计方案需明确电力线路跨越及穿越位置的道路桩号，并满足相关规范的技术要求，确保道路通行安全。

二、电力线跨越及穿越公路应满足公路规划、现状及主要技术参数的要求。跨越公路应符合《公路工程技术标准》（JTG B01—2014）第 9.5.1、9.5.2 条以及安徽省《涉路工程安全评价规范》（DB34/T 2395—2015）第 4.1 条的相关规定；跨越公路应符合《公路工程技术标准》（JTG B01—2014）第 9.5.1、9.5.4 条以及安徽省《涉路工程安全评价规范》（DB34/T 2395—2015）第 5.2 条的相关规定。

三、具体设计方案应在涉路施工前按照《公路安全保护条例》（2011 年施行）第二十七条及安徽省地方标准《涉路工程安全评价规范》（DB34/T 2395—2015）相关规定，由建设单位向我局报送相关申请资料，包括涉路设计方案及详细图纸、施工组织方案（含交通组织方案）等，完成涉路方案审查后，办理行政许可即可组织施工。

×× 公路管理局（章）

年　月　日

4）×× 水务局示复函例。

关于 ××110kV 输变电工程变电站站址及线路路径的反馈意见

×× 公司：

《关于征询 ××110kV 输变电工程变电站站址和线路路径意见的函》收悉，经研究，我局原则同意以上工程变电站站址和线路路径。下阶段请按照相关规定做好穿越 15km 河的防洪影响评价，办理好水土保持（项目征占地面积在 50000m^2 以上或挖填土方量 50000m^3 以上的，编制水土保持方案；征占地面积在 5000m^2 以上或挖填土方量 1000m^3 万方以上 50000m^3 以下的，编制水土保持方案报告表）审批手续。

×× 水务局（章）

年 月 日

5）×× 文物管理处复函示例。

回 复 函

×× 公司：

你公司《×× 公司关于征询 ××110kV 输变电工程变电站站址和线路路径意见的函》（××〔20××〕×× 号）收悉。经我处派员现场踏勘，结合已登录不可移动文物分布情况，在拟选站址及路径区域内地表未发现有文物遗存。

经研究决定，原则同意你公司的拟选站址及路径意见。在施工过程中，如果发现地下文物遗存迹象，应立即停工，并向文物部门报告，同时做好现场保护工作。

特此函复。

×× 文物管理处（章）

年 月 日

6）×× 人民武装部复函示例。

回 复 函

×× 公司：

你公司《×× 公司关于征询 ××110kV 输变电工程变电站站址和线路路径意见的函》（××〔20××〕×× 号）收悉，经研究决定，同意你公司的拟选变电站站址和线路路径。

特此函复。

×× 人民武装部（章）

年 月 日

7）×× 林业和园林局复函示例。

关于 ××110kV 输变电工程变电站站址及线路路径意见的复函

×× 公司：

关于《征询 ××110kV 输变电工程变电站站址及线路路径意见的函》（××〔20××〕×× 号）收悉。根据提供的图纸，经核实，现回复如下：

一、原则上同意该工程选址方案，线路路径选址要进一步优化比对，尽可能避免穿越自然保护区、森林公园和风景区等重要生态敏感区域及生态红线范围。

二、工程建设要依法依规办理使用林地审核手续，使用林地未取得省林业局批准前，不得使用林地。采伐林木需凭《使用林地审核同意书》到我局办理林木采伐许可证。

三、施工单位在项目实施工程中必须做好森林防火和松材线虫病防控工作，严禁在施工过程中使用松木及其制品，否则，将严格按国家有关法律法规查处。

此复。

×× 林业和园林局（章）

年　月　日

8）××铁路局复函示例。

关于××110kV线路等电力线路跨越铁路的复函

××供电公司：

你公司《关于征询××110kV线路工程跨越××铁路意见的函》（××〔20××〕××号）收悉。经研究，现函复如下：

一、原则同意××110kV线路工程跨越××铁路，跨越设计方案为：

1. 架空电力线最大弧垂（导线温度按80℃校验）距既有铁路钢轨顶面的垂直距离不小于28m。

2. ××跨越铁路基础边缘与邻近铁路钢轨边缘水平距离不小于铁塔全高+××m。

3. 架空电力线与铁路的交叉角不小于××°。

4. 跨越铁路的耐张段采用××形式，耐张段内导、地线不应有接头，导、地线采用双联双挂点固定方式。

5. 跨越段电力线设计气象条件取50年一遇，线路重要性系数不小于1.1。

二、跨越铁塔耐张段内的铁塔应采取适当的防撞措施。

三、架空电力线间隔棒安装位置应避开铁路设施的正上方。

四、禁止导、地线以外的其他线索附挂在铁塔上跨越铁路。

五、在电力线跨越塔上设置醒目的标志牌，并标明以下信息：线路名称、电压等级、走廊宽度、导线距轨顶最小距离、安全距离、联系单位及联系电话。

六、为确保铁路运输安全畅通，电力线跨越铁路施工必须严格执行铁路营业线施工安全管理有关规定。具体施工事宜请与我集团公司联系商洽，施工前与铁路有关单位签订施工安全协议，落实施工安全措施，确保铁路行车和施工安全。

七、请你公司做好上述电力线日常运行维护工作，并与我集团公司××供电段签订安全管理协议，确定日常联系方式，以确保铁路电力线供电安全。

八、上述电力线跨越铁路若涉及铁路用地，请与铁路土地管理单位联系，并按规定办理相关手续。

九、如本工程自本函印发之日起两年内仍未开工，设计方案应当重报我集团公司确认。

××铁路局集团有限公司（章）

年　月　日

9）×× 通信部门（电信网运部、联通网运部、中国移动通信集团 ×× 分公司）复函示例。

关于 ××110kV 输变电工程变电站站址及线路路径意见函的复函

×× 公司：

我公司收到贵单位发《×× 公司关于征询 ××110kV 输变电工程变电站站址及线路路径意见的函》（××〔20××〕×× 号）。在函中贵单位征询我司，贵方计划建设的变电站和输电线路路径是否与我公司相关规划和建设产生冲突。

经现场勘查，做出如下回复：

×× 通信部门（章）

年 月 日

10）×× 线务局复函示例。

关于 ××110kV 输变电工程涉及国防军用通信干线光缆的回函

×× 公司：

贵公司来函已收悉。根据您方提供的设计图纸，我局技术人员详细核对了光缆走向资料，在此次 ××110kV 输变电工程范围内，无我局国家国防军用干线光缆。如在建设施工过程中变更设计路径或沿线发现国防光缆标志牌，请及时联系我方至现场确认。

长途国防军用干线光缆是国家以及我省出省通信主通道，也是国防军用通信重要通道，一旦阻断影响面大，后果十分严重。请贵公司在以后建设过程中给予足够重视。

特此函复，表示感谢！

×× 线务局（章）

年　月　日

11）供电公司复函示例。

回 复 函

××公司：

贵公司《关于征求对××输变电工程变电站站址及线路路径意见的函》（××〔20××〕××号）已收悉。提供35、10kV供电负荷分布地理位置图以及负荷名称，出线方向、出线回路数、排列顺序、导线规格、线路长度、负荷类型及负荷量，施工用电外接于哪条线路上，其电压等级及线路长度，施工用水采用自来水还是打井。

答复意见如下：

10kV线路本期××回出线，终期××回出线。

35kV线路本期××回出线，终期××回出线。

10kV线路采用电缆段出线，电缆引出变电站围墙外后，上架空出线终端杆。35kV线路采用电缆及架空混合出线，电缆引出变电站围墙外后，上架空出线终端杆。10kV电缆型号为YJV22-10-××；35kV电缆型号为YJV32-35-××；

施工电源可外接于××变××kV××线，线路长度××km。

1. 变电站35kV线路

序号	线路名称	负荷类型	负荷量（kVA）	线路长度（km）
1				
	合 计			

2. 变电站10kV线路

序号	线路名称	负荷类型	负荷量（kVA）	线路长度（km）
1				
	合 计			

附：××110kV变电站10、35kV供电负荷分布地理位置图。

变电站施工用水采用××供水。

××供电公司（章）

年 月 日

12）站址在开发区内关于站址及线路的回复函示例。

回 复 函

×× 公司：

贵公司《关于征求对 ×× 输变电工程变电站站址及线路路径意见的函》（××〔20××〕×× 号）已收悉。请提供 ×× 区内变电站围墙、建筑物退规划道路红线的距离要求，规划的道路路面标高（注明高程系统）以及线路路径的具体走廊。答复意见如下：

××110kV 变电站站址在 ×× 开发园（×× 境内），即位于正在建设的 ×× 大道和 ×× 路交叉口 ×× 侧地块内（×× 地块）。

1. ×× 大道道路宽度为 ××m，道路红线位置从道路中心算起为 ××m；变电站围墙需退 ×× 红线 ××m，建筑物退道路红线 ××m；变电站附近 ×× 大道路面设计标高为 ××m（黄海高程系统）。

2. ×× 路道路宽度为 ××m，道路红线位置从道路中心算起为 ××m；变电站围墙需退 ×× 路红线 ××m；建筑物退道路红线 ××m；变电站附近 ×× 路路面设计标高为 ××m（黄海高程系统）。

3. 请明确 ×× 路、×× 路道路的建设时序及上述道路管线情况。

4. 变电站施工用水采用自来水还是打井，如有自来水，自来水距离变电站位置约有 ××m。

5. ××110kV 输变电工程 110kV 线路部分由 ××110kV 变电站出线后沿着（规划中的）×× 路 ×× 侧距道路中心线 ××m 采用钢管杆（铁塔）走线，后沿着（规划中的）×× 路 ×× 侧距道路中心线 ××m 采用钢管杆（铁塔）走线。

6. 请明确 110kV 线路涉及的 ×× 路、×× 路建成时间、道路坐标以及道路高程。

7. 请明确 110kV 线路沿规划道路走线涉及房屋拆迁的处理办法。

8. 同意该变电站站址位置及线路路径方案，该站址及线路路符合 ×× 开发区总体规划。

此复。

×× 开发区管理委员会（章）

年　月　日

A3　请示函示例

× × 项目主管部门关于 × × 建设项目不可避让生态保护红线论证建议的请示

× × 省人民政府：

× × 建设项目属 × ×（如国家重点基础设施建设项目，中央新增投资计划项目，列入国家级、省级相关发展规划或国家、省政府批准同意的方案、会议纪要等），对区域经济社会发展具有重要意义。根据《安徽省人民政府关于印发承接国务院建设用地审批权委托试点工作实施方案的通知》（皖政〔2020〕25 号）规定，我单位就该项目不可避让生态保护红线相关事宜进行了深入研究论证，形成以下论证建议：

一、项目概况

项目途经（位于）安徽省 × × 市、× × 市，工程按 × ×（建设标准或规模）建设，总投资 × × 亿元，项目单位为 × ×。

二、项目涉及占用生态保护红线情况

项目选址涉及穿越我省生态保护红线长度 × ×km、面积 × ×m^2，其中：× × 市 × ×m^2、× × 市 × ×m^2，所涉及生态保护红线的具体位置、类型、面积、穿越方式等分别为 × ×。其中：涉及占用自然保护地 × ×m^2，分别为核心保护区 / 一般控制区。

三、项目穿越生态保护红线的不可避让性

（选址方案的论证优化过程）

（最终选址方案穿越生态保护红线的不可避让性）

四、项目涉及生态保护红线采取的保护补偿措施

（工程保护措施）

（生态补偿措施）

× × 项目主管部门
年　月　日

附录B 依据性文件

《中华人民共和国建筑法》(2019年修订)	《中华人民共和国城乡规划法》(2019年修订)
《中华人民共和国土地管理法》(2019年修订)	《建设项目环境保护管理条例》(2017年修订)
《中华人民共和国环境保护法》(2014年修订)	《中华人民共和国环境影响评价法》(2018年修订)
《中华人民共和国文物保护法》(2017年修订)	《中华人民共和国水法》(2016年修订)
《中华人民共和国防洪法》(2016年修订)	《中华人民共和国河道管理条例》(2017年修订)
《中华人民共和国水土保持法》(2010年修订)	《中华人民共和国矿产资源法》(2009年修订)
《中华人民共和国防震减灾法》(2008年修订)	《中华人民共和国航道法》(2016年修订)
《中华人民共和国航道管理条例》(2008年修订)	《中华人民共和国安全生产法》(2014年修订)
《中华人民共和国职业病防治法》(2018年修订)	《中华人民共和国电力法》(2018年修订)
《中华人民共和国文物保护法实施条例》(2017年修订)	《中华人民共和国航道管理条例实施细则》(2009年修订)
《中华人民共和国水土保持法实施条例》(2011年修订)	《中华人民共和国招标投标法》(2017年修订)
《中华人民共和国水上水下活动通航安全管理规定》(交通运输部令2019年第2号)	《中华人民共和国森林法》(2019年修订)
《中华人民共和国矿产资源法实施细则》(国务院令1994年第152号)	《国务院关于加强地质灾害防治工作的决定》(国发〔2011〕20号)

续表

《自然资源部关于以“多规合一”为基础推进规划用地“多审合一、多证合一”改革的通知》（自然资规〔2019〕2 号）	《国土资源部关于规范建设项目压覆矿产资源审批工作的通知》（国土资发〔2000〕386 号）
《企业投资项目核准和备案管理办法》（国家发展改革委令 2017 年第 2 号）	《中华人民共和国森林法实施条例》（2018 年修订）
《国务院关于发布政府核准的投资项目目录（2016 年本）的通知》（国发〔2016〕72 号）	《国家发展改革委重大固定资产投资项目社会稳定风险评估暂行办法》（发改投资〔2012〕2492 号）
《国土资源部关于进一步做好建设项目压覆重要矿产资源审批管理工作的通知》（国土资发〔2010〕137 号）	《国家电网有限公司关于深化“放管服”改革优化电网发展业务管理的意见》（国家电网发展〔2019〕407 号）
《关于进一步加强建设项目（工程）劳动安全卫生预评价工作的通知》（安监管办字〔2001〕39 号）	《国网安徽省电力有限公司发展部关于印发〈220–35 千伏电网基建工程可研评审“花钱问效”补充内容深度要求（试行）〉的通知》（电发展工作〔2020〕10 号）
《国家电网有限公司关于配合做好国土空间规划有关工作的通知》（国家电网发展〔2019〕600 号）	《国家电网有限公司关于印发电源接入电网前期工作管理意见的通知》（国家电网发展〔2019〕445 号）
《国家电网有限公司电网项目可行性研究工作管理办法》（国家电网企管〔2021〕64 号）	《国家电网有限公司电网规划工作管理规定》（国家电网企管〔2019〕951 号）
《国家电网有限公司电网项目前期工作管理办法》（国家电网企管〔2019〕425 号）	《安徽省实施〈中华人民共和国水土保持法〉办法》（安徽省人大常委会公告 2014 年第 25 号）
《安徽省能源局关于做好电网项目分级分类管理工作的通知》（皖能源电力函〔2020〕133 号）	《国家电网公司关于进一步规范输变电工程前期工作的意见》（国家电网基建〔2018〕64 号）
《安徽省实施〈中华人民共和国文物保护法〉办法》（安徽省人大常委会公告 2005 年第 53 号）	《安徽省建设工程文物保护规定》（安徽省人民政府令 2003 年第 156 号）
《安徽省水工程管理和保护条例》（2018 年修订）	《安徽省环境保护条例》（安徽省人大常委会公告 2017 年第 66 号）
《安徽省人民政府关于加强地质灾害防治工作的意见》（皖政〔2012〕84 号）	《安徽省水上交通安全管理条例》（2014 年施行）

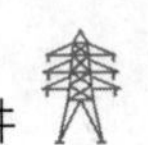

续表

《安徽省实施〈中华人民共和国河道管理条例〉办法》（2014 年修订）	《安徽省林地保护管理条例》（安徽省人大常委会公告 2004 年第 33 号）
《安徽省生态保护红线》（2018 年施行）	《安徽省航道管理办法》（安徽省人民政府令 2014 年第 62 号）
《安徽省人民政府关于印发安徽省主体功能区规划的通知》（皖政〔2013〕82 号）	《安徽省河道及水工程管理范围内建设项目管理办法（试行）》（皖水管〔2005〕107 号）
《安徽省人民政府关于发布安徽省生态保护红线的通知》（皖政秘〔2018〕120 号）	《安徽省环境保护厅建设项目社会稳定环境风险评估暂行办法》（环法〔2010〕193 号）
《安徽省人民政府关于划定水土流失重点防治区的公告》（皖政秘〔2017〕94 号）	《安徽省防震减灾条例》（安徽省人大常委会公告 2012 年第 46 号）
《安徽省实施〈中华人民共和国森林法〉办法》（安徽省人大常委会公告 2017 年第 59 号）	《安徽省林业有害生物防治条例》（安徽省人大常委会公告 2017 年第 62 号）
《安徽省人民政府关于加快实施"三线一单"生态环境分区管控的通知》（皖政秘〔2020〕124 号）	《安徽省林业局关于进一步规范建设项目使用林地审核审批工作有关事项的通知》（林资〔2019〕8 号）
《安徽省自然资源厅关于印发安徽省 2020 年度地质灾害防治方案的通知》（皖自然资〔2020〕62 号）	《水利部关于加强事中事后监管规范生产建设项目水土保持设施自主验收的通知》（水保〔2017〕365 号）
《安徽省建设工程地震安全性评价管理办法》（安徽省人民政府令 2019 年第 291 号）	《关于水土保持补偿费收费标准（试行）的通知》（发改价格〔2014〕886 号）
《开发建设项目水土保持方案编报审批管理规定》（水利部令 2017 年第 49 号）	《水利部办公厅关于印发〈水利部生产建设项目水土保持方案变更管理规定（试行）〉的通知》（办水保〔2016〕65 号）
《水利部办公厅关于印发生产建设项目水土保持设施自主验收规程（试行）的通知》（办水保〔2018〕133 号）	《水利部关于进一步深化"放管服"改革全面加强水土保持监管的意见》（水保〔2019〕160 号）
《关于严格开发建设项目水土保持方案审查审批工作的通知》（水保〔2007〕184）	《关于划分国家级水土流失重点防治区的公告》（水利部公告 2006 年第 2 号）
《生产建设项目水土保持监测资质管理办法》（水利部第 45 号令）	《建筑物、水体、铁路及主要井巷煤柱留设与压煤开采规范》（2017 年施行）
《建设项目环境保护管理条例》（2017 年修订）	《地震安全性评价管理条例》（国务院令 2019 年第 709 号）

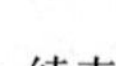
续表

《建设项目使用林地审核审批管理办法》（国家林业局令 2016 年第 42 号）	《建设项目竣工环境保护验收暂行办法》（国环规环评〔2017〕4 号）
《河道管理范围内建设项目管理的有关规定》（水政〔1992〕7 号）	《内河航道工程设计规范》（DG/TJ 08-2116—2012）
《淮委审查洪水影响评价类（非水工程）建设项目技术规定（试行）》（2018 年施行）	《航道通航条件影响评价审核管理办法》（交通运输部令 2017 年第 1 号）
《地质灾害防治条例》（国务院令 2003 年第 394 号）	《内河通航标准》（GB 50139—2014）
《安全生产许可证条例》（2014 年修订）	《建设工程安全生产管理条例》（国务院令 2003 年第 393 号）
《船闸总体设计规范》（JTJ 305—2001）	《电力设施保护条例实施细则》（2011 年修订）
《工业企业设计卫生标准》（GBZ 1—2010）	《工作场所有害因素职业接触限值　第 1 部分：化学有害因素》（GBZ 2.1—2019）
《安全标志及其使用导则》（GB 2894—2008）	《中国地震动参数区划图》（GB 18306—2015）
《中华人民共和国劳动部噪声作业分级》（LD 80—1995）	《生产设备安全卫生设计总则》（GB 5083—1999）
《架空输电线路通道清理技术规定》（Q/GDW 11405—2015）	《电力工程设计手册　架空输电线路设计》
《66kV 及以下架空电力线路设计规范》（GB 50061—2010）	《110kV ~ 750kV 架空输电线路设计规范》（GB 50545—2010）
《110kV ~ 750kV 架空输电线路大跨越设计技术规程》（DL/T 5485—2013）	《220kV ~ 750kV 变电站设计技术规程》（DL/T 5218—2012）
《35kV ~ 220kV 无人值班变电站设计规程》（DL/T 5103—2012）	《220kV 及 110（66）kV 输变电工程可行性研究内容深度规定》（Q/GDW 10270—2017）
《工作场所职业卫生监督管理规定》（安监总局令 2012 年第 47 号）	《变电站总布置设计技术规程》（DL/T 5056—2007）
《建筑灭火器配置设计规范》（GB 50140—2005）	《建设项目职业病危害评价规范》（卫法监发〔2002〕63 号）